JN074199

MICHAEL J. CLOUD, BYRON C. DRACHMAN

INEQUALITIES WITH APPLICATIONS TO ENGINEERING

不等式の工学への応用

海津　聰 訳

森北出版株式会社

MICHAEL J. CLOUD, BYRON C. DRACHMAN

INEQUALITIES WITH APPLICATIONS TO ENGINEERING

Translation from the English language edition:
Inequalities with Applications to Engineering
by Michael J. Cloud and Byron C. Drachman
Copyright ⓒ1998 Springer-Verlag New York, Inc.
All Rights Reserved.

Japanese translation rights arranged with
Springer-Verlag GmbH & Co. KG, Heidelberg, Germany
through Tuttle-Mori Agency, Inc., Tokyo

まえがき

なぜ不等式が必要なのだろう．例えば多くの応用科学と工学の問題では特に断らずに不等式が使用されている．それにも拘らず不等式を使いこなすには高度なあるいは少なくも中程度の数学についての十分な理解が必要である．不等式は比較のための自然な方法を提供し，直接解法が適当でないときにも，有意義な間接的解法や道筋を与えてくれる．

この不等式への小さなガイドは，技術者や応用科学者を念頭に独自に書かれたものである．草稿を見た知り合いの数学者は，ここにある幾つかの応用例は数学者の興味を引くだろうし，また数学専攻の学生には有意義に思えると言ってくれた．大学で出会う幾つかの代数的操作や，数学の文献等にしばしば見られる不等式の難解な取り扱いにつて，少しでも容易に理解が得られるよう努力をした．重要なテクニックについて全て章の終わりの演習で念入りに扱い，読者の進歩促進のためヒントを記した．完全ではないが微積分学から基礎的な事項の幾つかを復習している．議論を簡単にするため，必要とされるものより仮定を強くして証明や演習を展開している．参照すべき微分積分学の書としては古典であるランダウ (Landau) [37] を推したい．たくさんの解析学の良書からは特に Stromberg[57] を推す．

ミシガン州立大学電子工学科教授 Edward Rothwell に感謝する．氏にはこの書の執筆の最初から我々を勇気付けて頂いた．Beth Lannon-Cloud 氏に感謝する．氏からは図版等へのコメントを頂いた．この本の LaTeX の最初の版を作成して下さった Catherine Friess 氏と Tammy Hatfield 氏に感謝する．執筆中支持と勇気を与えて下さった Val Drachman 氏に感謝する．Springer-Verlag のスタッフ，取り分け Allan Albrams 氏，Frank Ganz 氏，Ina Lindemann 氏，Anne Fossella 氏に大変にお世話になった．匿名の二人の方からは最初の草稿になかった幾つかのトピックスを頂いて感謝の言葉もない．Glen Anderson 氏，Mavina Vamanamurthy 氏，Matti Vuorinen 氏には寛大な援助やロピタルの単調規則の重要さと関連した演習について示唆を頂き，感謝申し上げる．最後に，草稿を読み，多くの示唆や議論に親切に付き合って下さった Carl Ganser 氏に感謝したい．

目　　次

第1章

不等式の基礎事項

1.1 はじめに

次のような数学記号と論理記号を後々の便利のため簡単に示しておきたい:

$\in$ 属す;
$\subset$ 含まれる;
$\cup$ 合併;
$\cap$ 共通部分;
$\mathbf{R}$ 全実数の集合;
$\mathbf{N}$ 全自然数の集合 (正整数集合);
$\mathbf{C}$ 全複素数の集合;
$\Rightarrow$ ならば;
$\Leftrightarrow$ 論理的同値性;

集合の定義の記法 として

$$S = \{x \,|\mathcal{P}(x)\}$$

を用いる.これは,命題 [*1] $\mathcal{P}(x)$ が成立する要素 x のなす集合を S で表す,という意味である. 例えば,

$$S = \{x \in \mathbf{R} \,|x^2 - 1 = 0\}$$

とおくとき,S は $x^2 - 1 = 0$ をみたす全ての実数として定義される.

i を虚数単位とし,$x = \mathcal{R}[z]$,$y = \mathcal{I}[z]$ とおくとき [*2],$z \in \mathbf{C}$ は $z = x + iy$ のように書く.極表示では $z = |z|\exp(i\phi)$ と書ける.ここで,$|z|$ は z の「絶

[*1] 訳注:命題とは,真,偽が一通りに定まる文を意味する,数学では式も命題とみなす.

[*2] 訳注:実数 $x, y \in \mathbf{R}$ から複素数 $z = x + iy \in \mathbf{C}$ が定まる.このとき,$x = \mathcal{R}[z], y = \mathcal{I}[z]$ と書き,それぞれ z の実部,虚部という.

対値」(非負実数)[*1]，ϕ は z の「偏角」である．z の共役数を $\overline{z}$ で示す[*2]．

　基礎的記法「 $\le$ 」(小なりまたは等しい) は当面知っているものとして扱おう，すなわち読者は予めこの記号について直観的には十分な既知事項とする．このとき基礎的な役割を果たす他の不等式を定義できる．実際，$a, b, c \in \mathbf{R}$ に対して次の結果を得る．

- $a \ge b$ は $b \le a$ を意味する;
- $a < b$ は $a \le b$ かつ $a \ne b$ を意味する;
- $a > b$ は $b < a$ を意味する;
- $a \le b \le c$ は $a \le b$ かつ $b \le c$ を意味する.

他の複合的不等号 $a < b < c$ や $a > b \ge c$ も同様に了解される．$a \le b$ はしばしば**弱い**または**広義の不等式**と呼ばれ，$a < b$ (等号は不成立) は**強い**または**狭義の不等式**と呼ばれる．

[例 1.1]　　種々の**区間**は次のように定義される $\mathbf{R}$ の部分集合である:

- $(a, b) = \{x \in \mathbf{R} \mid a < x < b\}$;
- $[a, b) = \{x \in \mathbf{R} \mid a \le x < b\}$;
- $(a, b] = \{x \in \mathbf{R} \mid a < x \le b\}$;
- $[a, b] = \{x \in \mathbf{R} \mid a \le x \le b\}$.

無限区間は次のように定義される:

- $[a, \infty) = \{x \in \mathbf{R} \mid x \ge a\}$;
- $(-\infty, a) = \{x \in \mathbf{R} \mid x < a\}$.

1.2　基礎的性質と不等式のための有用な規則

　不等式の計算を基礎付ける公理系は順序体としての実数集合 $\mathbf{R}$ 上に設定されている[*3] ([18] 参照)．その順序に関する公理系は次のように書くことができる．すなわち任意の $a, b, c \in \mathbf{R}$ に対して

[*1] 訳注：$z = x + iy, x, y \in \mathbf{R}$ の絶対値 $|z|$ は，$|z| = \sqrt{x^2 + y^2}$ で与える．
[*2] 訳注：$z = x + iy, x, y \in \mathbf{R}$ の共役複素数 $\overline{z}$ は $\overline{z} = z - iy$ で与える．
[*3] 訳注：体とは数学上の概念であり，和と積なる演算が考えられ，割り算が可能である集合をいう．順序体とは，体であり，上記本文にある順序系の公理 (a), (b), (c), (d), (e) が成立する集合のことである．例えば全実数集合 $\mathbf{R}$ は順序体である．

(a) $a \leq b$ かつ $b \leq c$ のとき $a \leq c$ である;

(b) $a \leq b$ かつ $b \leq a$ のとき，かつそのときに限り $a = c$ である;

(c) $a \leq b$ または $b \leq a$ のいずれかである;

(d) $a \leq b$ ならば $a + c \leq b + c$ である;

(e) $0 \leq a$ かつ $0 \leq b$ のとき $0 \leq ab$ となる.

公理 (a) は推移性と呼ばれ，(b) は a と b が等しいことを間接的に示す際に有効である．$\mathbf{R}$ と異なり複素数体 $\mathbf{C}$ は順序づけ不能である (演習 1.8 参照). しかし絶対値 $|z|$ は実数であり，実数で成立する不等式は複素数の絶対値に対して成立する.

公理系に加えて，順序に対する沢山の性質がある．次のリストは全てをつくしていないが，不等式計算における最も重要なものである．$a, b, c, d \in \mathbf{R}$ とする.

- $a < b$, $a = b$, $a > b$ のいずれか一つだけが成立する.
- $a \leq b$, $b < c$ のとき $a < c$ が成立する.
- $a \leq b$ のとき，かつそのときに限り，$a + c \leq b + c$ である．さらに $a < b$ のとき，かつそのときに限り，$a + c < b + c$ である.
- $c < 0$ かつ $a < b$ のとき，$ac > bc$ である.
- $a \leq b$ のとき，かつそのときに限り，$a - b \leq 0$ である.
- $a \leq b$ かつ $c \geq 0$ のとき，$ac \leq bc$ である.
- $a \leq 0$ かつ $b \geq 0$ のとき，$ab \leq 0$; $a \leq 0$ かつ $b \leq 0$ のとき，$ab \geq 0$.
- 常に $a^2 \geq 0$ である．さらに $a \neq 0$ のとき，$a^2 > 0$ である.
- $a < 0$ のとき，かつそのときに限り $1/a < 0$ である；$a > 0$ のとき，かつそのときに限り $1/a > 0$ である.
- $0 < a < b$ のとき，かつそのときに限り $0 < 1/b < 1/a$ である.
- $a > 0$ かつ $b > 0$ のとき，$a/b > 0$ である.
- $a < b$ かつ $c < d$ のとき，$a + c < b + d$ である.
- $0 < a < b$ かつ $0 < c < d$ のとき，$ac < bd$ である.
- $a \leq b$ かつ $c \leq d$ のとき，$a + c \leq b + d$ である.
- $a \leq b$ かつ $c < d$ のとき，$a + c < b + d$ である.
- $a > 1$ のとき，$a^2 > a$ である．$0 < a < 1$ のとき $a^2 < a$ である.
- $c \geq 0$ に対して $0 < a \leq b$ のとき，$a^c \leq b^d$ であり，等号は $b = a$ または $c = 0$ のとき，かつそのときに限り成立する.
- 任意の正数 ε より小なる a は，$a \leq 0$ である.

一般に他の辺に移項された項は符号を変える. 不等式は両辺を互いに加えることができ, 正数を不等式の両辺に乗ずることもできる. しかし, 一般に「不等式の間の, 両辺の引き算や割り算はできない」. 例えば, 二つの不等式, $a < b$ と $c < d$ の両辺の引き算から $a - c < b - d$ を得る例は間違い. その理由は, 得られた不等式 $b - d > a - c$ は $(b - a) - (d - c) > 0$ と同じ意味で, それは最初の前提 $a < b$ と $c < d$ だけを意味していない. さらに, 不等式の割り算に関してもこれと同様な理由があげられることを注意しておく. 不等式の割り算に関してもう一つ, 例えば, $1 < 2$ をそれ自身で両辺割り算すると $1 < 1$ が得られるが, これは不可能だ.

1.3　有界集合に関する用語

後々有用となる実数の性質を述べる. S は実数の部分集合とする. ある B が存在して任意の $s \in S$ に対して $s \leq B$ であるとき, S は「上に有界である」といい, B を S の「上界」と呼ぶ. もちろん, 上に有界な集合は多くの上界をもつ. M が集合 S の上界であり, M より小なるどんな数も S の上界でないとき, M を S の「最小上界」または「上限」と呼び, $\sup S$ と書く. $\sup S \in S$ のとき, $\sup S$ を S の「最大値」と呼び, $\max S$ と書く. これらの概念は基本的であるが, これに慣れていない読者はここを急いで素通りしないように. これをよく理解するために例を挙げる.

[例 1.2]　区間 $I_1 = [0, 1]$ は 1 (または任意の $x \, (> 1)$) により上から押さえられている. 1 より小なる数は I_1 の上界ではない, 実際 $y \, (< 1)$ に対し $y + \varepsilon \in I_1$ なる $\varepsilon > 0$ が存在し y は上界でない. そこで $\sup I_1 = 1$. さらに $\sup I_1 \in I_1$ ゆえ $\max I_1 = 1$. 他方, 区間 $I_2 = [0, 1)$ は最大値がないが上限は存在する (実際, それは 1 である).

実数集合に関する「基本的性質」は, 「上に有界な空でない集合は上限をもつ」[*1] と述べることができる. 同様に,「下に有界」,「下界」「最大下界」または「下限」の定義を与えることができる. S の下限は $\inf S$ と記述する.「空でない下に有界な集合は下限をもつ」[*2] が成立する. $\inf S \in S$ であれば S は最

[*1] 訳注：これを実数の連続性の公理という. この公理に同値な他の命題は次の脚注と例 1.11 参照のこと.

[*2] 訳注：実数の連続性の公理 (上の訳注) に同値な記述.

小値をもち，それを $\min S$ と書く．上限と下限という概念は便利かつ重要である．それは空でない有界な集合に対して上限と下界は常に存在する．一方，最大値と最小値は存在しないかもしれないからである．このことは重要である．

　上限と下限という概念は関数に対しても適用される．f は領域 D で定義された実数値関数とし，S は D の空でない部分集合とする．f による，S の像を

$$f(S) = \{f(x) \mid x \in S\}$$

とし，次の定義を考える．

$$\sup_{x \in S} f(x) = \sup f(S), \qquad \inf_{x \in S} f(x) = \inf f(S).$$

$f(S)$ が上または下に有界でないとき，それぞれ $\sup f(S) = \infty$ と $\inf f(S) = -\infty$ と書く．上限値と下限値の種々の性質は演習 1.10 と 1.11 で与えられる．

1.4　2次不等式

　判別式 $\Delta = b^2 - ac$ をもつ 2 次多項式 $g(x) = ax^2 + 2bx + c$, $a \neq 0$ を考えよう．これを平方完成[*1]すれば次式となる．

$$\frac{1}{a}g(x) = \left(x + \frac{b}{a}\right)^2 - \frac{\Delta}{a^2}.$$

そこで，$\Delta \leq 0$ とすれば，任意の x に対して $(1/a)g(x) \geq 0$ となる．逆に任意の x に対して $(1/a)g(x) \geq 0$ とする．特に $x = -b/a$ と置けば $\Delta \leq 0$ となる．次のことが明らかとなる．

- 任意の x に対して $(1/a)g(x) \geq 0$ のとき，かつそのときに限り $\Delta \leq 0$ となる；
- 任意の x に対して $(1/a)g(x) > 0$ のとき，かつそのときに限り $\Delta < 0$ となる．

もちろん，$g(x)$ は幾何学的には，根[*2]の公式から $(-b \pm \sqrt{\Delta})/a$ を根とする放物線である．$\Delta \leq 0$ のとき，$g(x)$ は相異なる 2 実根をもたない；よって，そのグラフは座標軸に 2 点で交叉せず，$g(x)$ は至る所で符号が変化しないかまたは 1 点で接する．逆にもし任意の x に対して $g(x) \geq 0$ または $g(x) \leq 0$ のと

[*1] 訳注：変形 $ax^2 + 2bx + c = a(x + b/a)^2 - \Delta/a$ を平方完成または完全平方という．
[*2] 訳注：解とも呼ぶ．

き，$\Delta \le 0$ である．$\Delta < 0$ のとき $g(x)$ は実根をもたない；よって放物線は実軸と交叉も接触もしないし，$g(x)$ は真に正かまたは真に負である．逆にもし任意の x に対して $g(x) > 0$ また $g(x) < 0$ のとき，$\Delta < 0$ である．

1.5　絶対値と三角不等式

$x \in \mathbf{R}$ の絶対値 $|x|$ は次式で定まる．

$$|x| = \begin{cases} x & (x \ge 0), \\ -x & (x < 0). \end{cases}$$

絶対値の性質として，次のようなものが有用である．

- $|x| \ge 0$ である．等号成立は $x = 0$ のとき，そのときに限る;
- $|ab| = |a||b|$ である．さらにもし $b \ne 0$ のとき, $|a/b| = |a|/|b|$ である;
- $|x - a| < b$ のとき，かつそのときに限り $-b < x - a < b$ である;
- $-|a| \le a \le |a|$ である．さらに $ab \le |a||b|$ である;
- $|a| \le |b|$ のとき，かつそのときに限り $a^2 \le b^2$ である．

[例 1.3]　集合

$$N_\varepsilon(x_0) = \{x \in \mathbf{R} \mid |x - x_0| < \varepsilon\}$$

を $\mathbf{R}$ における x_0 の ε 近傍と呼ぶ．

[例 1.4]　x の範囲 $|x - 3| < 1$ は不等式 $1/|x + 2| < 1/4$ が成立するための十分な条件である，実際に

$$|x - 3| < 1 \Rightarrow -1 < x - 3 < 1$$

$$\Rightarrow 4 < x + 2 < 6 \Rightarrow |x + 2| > 4.$$

　ここで数列とその収束を導入しよう．n が限りなく大になるとき数列 $\{a_n\}$ の項 a_n が極限 A に限りなく近づくことを，

$$\lim_{n \to \infty} a_n = A$$

と書く．または「$n \to \infty$ のとき $a_n \to A$」と書く．この正確な意味は次のように述べられる．任意の正数 ε に対してそれに対応する数 N が存在し，$n\,(>N)$ に対して $|a_n - A| < \varepsilon$ が成立する．このとき「数列 $\{a_n\}$ は A に収束する」と

いう. 数列に関する, 次の簡単な事項は不等式を伴う後の学習に不可欠であり, それは有限和から級数や積分へ移行する際の枠組みを与えるものである.

補題 1.1 $n \to \infty$ のとき $a_n \to A, b_n \to B$, および任意の n に対して $a_n \le b_n$ であれば $A \le B$ である.

証明 $A > B$ と仮定し矛盾を導く. $\varepsilon = (A-B)/2 > 0$ とおくとき次のような N_a と N_b が存在する.

$$n > N_a \Rightarrow |a_n - A| < \varepsilon,$$
$$n > N_b \Rightarrow |b_n - B| < \varepsilon.$$

$n > \max\{N_a, N_b\}$ とし, 次の二つの不等式

$$-\varepsilon < b_n - B < \varepsilon,$$
$$-\varepsilon < A - a_n < \varepsilon$$

から, その和の不等式

$$-2\varepsilon < b_n - a_n + (A-B) < 2\varepsilon,$$

あるいは ε と A, B の関係から

$$-2\varepsilon < b_n - a_n + 2\varepsilon < 2\varepsilon$$

を得る. これから $b_n - a_n < 0$ となり, 矛盾である. □

上記補題で狭義の不等号は極限移行において一般に成立しないことに気をつけよう. 例えば, $a_n = 0, b_n = 1/n$ を考えると, 任意の n に対して $a_n < b_n$ である一方 $A = B = 0$ となる.

幾つかの場合で絶対値の間の大小は不等式から明らかである, これは次の同値関係

$$|a| \le |b| \Leftrightarrow a^2 \le b^2$$

に依存している. 実際に次の例を示すことができる.

[例 1.5] 不等式

$$\big||a| - |b|\big| \le |a - b|$$

は同値関係の連鎖で示せる. 最後の不等式の成立は自明であることに注意.

$$\bigl||a|-|b|\bigr| \le |a-b| \Leftrightarrow (|a|-|b|)^2 \le (a-b)^2$$

$$\Leftrightarrow -2|a||b| \le -2ab$$

$$\Leftrightarrow |a||b| \ge ab.$$

次の定理は絶対値に関して極めて重要な不等式である.

定理 1.1 (三角不等式)　$z_1, \cdots, z_n$ が非零の複素数であるとき

$$\left|\sum_{i=1}^{n} z_i\right| \le \sum_{i=1}^{n} |z_i| \tag{1.1}$$

が成立する. 等号は z_i が同一の偏角をもつとき, かつそのときに限る.

　証明　$n=1$ なる場合の成立は自明である. $n=2$ なる場合を数学的帰納法の最初のステップとして検証しよう. 複素数の基本的性質が必要である. $z \in \mathbf{C}$ に対して

$$\mathcal{R}[z] = x \le \sqrt{x^2+y^2} = |z|.$$

同様に $\mathcal{I}[z] \le |z|$. 次の事項は容易に示せる.

$$|\overline{z}| = |z|, \quad |z|^2 = z\overline{z}, \quad \mathcal{R}[z] = \frac{1}{2}(z+\overline{z}), \quad \mathcal{I}[z] = \frac{1}{2i}(z-\overline{z}).$$

次の事柄を使う.

$$|z_1+z_2|^2 = (z_1+z_2)\overline{(z_1+z_2)} = |z_1|^2 + |z_2|^2 + 2\mathcal{R}[z_1\overline{z_2}].$$

ここで

$$2\mathcal{R}[z_1\overline{z_2}] \le 2|z_1\overline{z_2}| = 2|z_1||z_2|.$$

ゆえに

$$|z_1+z_2|^2 \le |z_1|^2 + |z_2|^2 + 2|z_1||z_2| = (|z_1|+|z_2|)^2.$$

両辺がそれぞれ正であることに注意して平方根を取れば

$$|z_1+z_2| \le |z_1| + |z_2|. \tag{1.2}$$

数学的帰納法の第 2 のステップを考える. そこで結果が n で成立すると仮定して $n+1$ における成立を示す. 実際に

$$\left| \sum_{i=1}^{n+1} z_i \right| = \left| \sum_{i=1}^{n} z_i + z_{n+1} \right| \le \left| \sum_{i=1}^{n} z_i \right| + |z_{n+1}|$$

$$\le \sum_{i=1}^{n} |z_i| + |z_{n+1}| = \sum_{i=1}^{n+1} |z_i|$$

である．もっと短い証明および等号成立の条件は演習 4.9 を参照のこと．　　□

　同様に

$$|z_1 - z_2|^2 = |z_1|^2 + |z_2|^2 - 2\mathcal{R}[z_1 \overline{z_2}]$$

$$\ge |z_1|^2 + |z_2|^2 - 2|z_1||z_2|$$

$$= (|z_1| - |z_2|)^2,$$

それゆえ

$$|z_1 - z_2| \ge \big||z_1| - |z_2|\big|$$

である．これと (1.2) から次の便利な形にまとめられる．

$$\big||z_1| - |z_2|\big| \le |z_1 \pm z_2| \le |z_1| + |z_2|. \tag{1.3}$$

これは複素数の和と差の絶対値の上界と下界を示してる．幾何学的には三角形のどの辺長も他の 2 辺の和より小であり，他の辺長の差よりも大きいことを意味している．

　三角不等式 (1.3) を使用する機会は非常に多く，直接的な適用からはじまって本書の種々の場合に，陰に陽に登場することになる．

[例 1.6]　$a, b \in \mathbf{R}$ に対して

$$|a + b|^{1/2} \le |a|^{1/2} + |b|^{1/2}$$

である．実際，両辺は正ゆえ，両辺を平方しても同値関係が得られ，

$$|a + b| \le |a| + |b| + 2|a|^{1/2}|b|^{1/2}.$$

明らかに上の不等式は三角不等式から得られる．よって証明が終わる．

[例 1.7]　数列の極限値の一意性は容易に示せる．実際，数列 $\{a_n\}$ の極限値が A_1, A_2 であるとして $A_1 = A_2$ を示す．$\varepsilon > 0$ に対して N_1 と N_2 が存在して

$$n > N_1 \Rightarrow |a_n - A_1| < \varepsilon,$$

$$n > N_2 \Rightarrow |a_n - A_2| < \varepsilon.$$

$n > \max\{N_1, N_2\}$ に対して三角不等式より，

$$|A_1 - A_2| = |A_1 - a_n + a_n - A_2| \le |A_1 - a_n| + |A_2 - a_n| < \varepsilon + \varepsilon = 2\varepsilon.$$

ε は任意ゆえ $|A_1 - A_2| = 0$ となり，よって $A_1 = A_2$ である.

[例 1.8]　数列の積の極限値が極限値の積であることを示すには幾つかの代数演算の後に三角不等式を用いればよい．実際に $n \to \infty$ のとき $a_n \to A$, $b_n \to B$ とおけば

$$|a_n b_n - AB| = |(a_n - A)(b_n - B) + A(b_n - B) + B(a_n - A)|$$

$$\le |a_n - A||B_n - B| + |A||b_n - B| + |B||a_n - A|.$$

上式の右辺各項は十分大なる n に対していくらでも小さくなる．証明は以上.

[例 1.9]　$z = x + iy$ とおくと

$$|\sinh y| \le |\sin z| \le \cosh y$$

である．それは (1.3) から

$$\frac{||e^{ix}||e^{y}| - |e^{-ix}||e^{-y}||}{|2i|} \le \left| \frac{e^{i(x+iy)} - e^{-i(x+iy)}}{2i} \right| \le \frac{|e^{ix}||e^{-y}| + |e^{-ix}||e^{y}|}{|2i|}$$

となるから．ここで $|e^{\pm ix}| = |i| = 1$ を用いた.

[例 1.10]　多項式の零点 の絶対値を評価する大まかな定理がある．z を複素変数とし，係数 a_i は実数または複素数で，さらに $a_0 \ne 0$ とする.

$$f(z) = a_0 z^n + a_1 z^{n-1} + \cdots + a_{n-1} z + a_n$$

を考えよう．$f(z)$ の零点の絶対値の最大値は，次の式の値またはそれより小さい数値で与えられる．その成立を証明しよう.

$$\xi = 1 + \frac{n}{|a_0|} \left(\max_{1 \le i \le n} |a_k| \right). \tag{1.4}$$

半径 ξ の円板外部では多項式の主要項 $a_0 z^n$ の値が非主要項の和全体の値より優越しているような円板を探そう；実際には次の条件をみたす ξ を探すことになる.

$$|z| > |\xi| \Rightarrow |a_0 z^n| > \left| \sum_{i=0}^{n-1} a_{n-i} z^i \right|.$$

ところで $|z| \geq 1$ のとき

$$\sum_{i=0}^{n-1} |z|^i \leq n|z|^{n-1}.$$

これから

$$\left|\sum_{i=0}^{n-1} a_{n-i}z^i\right| \leq \sum_{i=0}^{n-1} |a_{n-i}||z|^i \leq M\sum_{i=0}^{n-1} |z|^i \leq nM|z|^{n-1}.$$

ここで, $M = \max|a_k|$ である. ξ を (1.4) で選ぶと, $|z| > \xi$ から $|z| > 1$ と $|z| > nM/|a_0|$ である. そこで (1.3) から $|z| > \xi$ に対して

$$|a_0||z|^n - nM|z|^{n-1} > 0$$

と

$$|f(z)| = \left|a_0 z^n + \sum_{i=0}^{n-1} a_{n-i}z^i\right| > |a_0 z^n| - \left|\sum_{i=0}^{n-1} a_{n-i}z^i\right|$$

$$\geq |a_0 z^n| - nM|z|^{n-1} > 0$$

が得られる. そこで全ての $f(z)$ の零点は $|z| \leq \xi$ なる円板の中にある. (これに類似の議論は関数論において, ルーシェ(Rouché) の定理[*1] を通して代数学の基本定理[*2] の証明の際にも使われている.)

1.6 いろいろな例

三角不等式の他に強力かつ標準的な不等式が応用に対して沢山あり, それぞれ有用で, これらは第 3 章において紹介する. しかしながらここでは, 簡単なアイデアに基づく有意義な不等式を限定して与えよう. 例えば, $n > 1$ に対してすぐにわかる事実

$$\frac{1}{n^2} < \frac{1}{n(n-1)}$$

を用いて次の例を示す.

[*1] 訳注：関数論の定理：複素平面上の単一閉曲線 C 上で正則関数の間に $|f(z)| > |f(x) - g(z)|$ が成立するとき, C 内部の f と g の位数を考慮した零点の個数が一致する.
[*2] 訳注：n 次多項式の零点は n 個存在する.

[**例 1.11**]　任意の n に対して $a_n \leq a_{n+1}$ のとき，数列 $\{a_n\}$ を「増加である」という．このとき「上に有界な増加数列は収束する」[*1] ことが示される (演習 1.12)．この事実は増加数列

$$1, \quad 1 + \frac{1}{4}, \quad 1 + \frac{1}{4} + \frac{1}{9}, \quad 1 + \frac{1}{4} + \frac{1}{9} + \frac{1}{16}, \cdots$$

の収束性の証明に使える．実際に $n \geq 2$ に対して

$$a_n = 1 + \sum_{k=1}^{n-1} \frac{1}{(k+1)^2} \leq 1 + \sum_{k=1}^{n-1} \frac{1}{k(k+1)}$$

$$= 1 - \sum_{k=1}^{n-1} \left(\frac{1}{k+1} - \frac{1}{k} \right) = 1 - \left(\frac{1}{n} - 1 \right)$$

$$< 2.$$

　上式の展開をみると，代数式を (部分分数展開[*2] を用いて) 簡単にすることやさらに部分和の評価の際にテレスコーピング (telescoping property，　演習 1.7) が使われている．この種の変形は今後とも頻繁に使用されるので注意する．

　ある種の不等式の正しさは，すぐには得心がいかないことがあるが，その証明の展開に応じて段々と見えてくるものがあり，なるほどと思えてくる．

[**例 1.12**]　$n \in \mathbf{N}, n > 1$ に対して

$$\frac{1}{4n} < \frac{1}{(n+1)^2} + \frac{1}{(n+2)^2} + \cdots + \frac{1}{(n+n)^2} < \frac{1}{n}.$$

なぜこの不等式は成立するか．中辺の項に注目すると

$$a_n = \frac{1}{(n+1)^2} + \frac{1}{(n+2)^2} + \cdots + \frac{1}{(n+n)^2} < \frac{1}{n}$$

最小の項は $1/(n+n)^2$ で最大の項は $1/(n+1)^2$ である．明らかに

$$n \left[\frac{1}{(n+n)^2} \right] < a_n < n \left[\frac{1}{(n+1)^2} \right]$$

あるいは

$$\frac{1}{4n} < a_n < \frac{n}{(n+1)^2}.$$

[*1] 訳注：実数の連続性の公理に同値であることが証明できる．1.3 節を参照．

[*2] 訳注：$1/((x+a)(x+b)) = c_1/(x+a) + c_2/(x+b)$ 等の変形という．c_1, c_2 は未定定数でこの等式から定まる．

最右辺の分母を $(n+1$ を n に置き換えて少しだけ) 小さくすれば，求めたい項が得られる．

「少しだけ近づく」を他の方法，例えば，数学的帰納法と共に用いて不等式をつくる．

[**例 1.13**]　$n \in \mathbf{N}$ と $0 \le x \le 1$ に対して
$$(1+x)^n \le 1 + (2^n - 1)x$$
を示す．$n = k$ とする上の不等式を $\mathcal{P}(k)$ と書く．$\mathcal{P}(1)$ は $1 + x \le 1 + x$ であり，成立は自明である．$\mathcal{P}(k) \Rightarrow \mathcal{P}(k+1)$ を示したい．そこで $\mathcal{P}(k)$ の成立を仮定し，その両辺に正値 $1 + x$ を乗ずる：
$$(1+x)^{k+1} \le (1+x) + (1+x)(2^k - 1)x$$
$$\le (1+x) + 2(2^k - 1)x$$
$$= 1 + (2^{k+1} - 1)x.$$

これは求めたい $\mathcal{P}(k+1)$ である．

他の有用な不等式として，$x > 0$, $n \in \mathbf{N}$, $n > 1$ に対して
$$(1+x)^n > \frac{n(n-1)}{2!}x^2$$
である．これは次の 2 項展開から余分な項を落として求まる．
$$(1+x)^n = 1 + nx + \frac{n(n-1)}{2!}x^2 + \cdots . \tag{1.5}$$

[**例 1.14**]　$a > 1$ に対して
$$\lim_{n \to \infty} \frac{n}{a^n} = 0$$
を示す．式 (1.5) を意識して次のように書ける．
$$\frac{n}{a^n} = \frac{n}{[1 + (a-1)]^n} < \frac{n}{\frac{n(n-1)}{2}(a-1)^2} = \frac{2}{(n-1)(a-1)^2}.$$
そこで，$n > 1$ に対して
$$0 < \frac{n}{a^n} < \frac{2}{(n-1)(a-1)^2}$$

となり, $n \to \infty$ として挟み撃ちにより考えている項は零に収束する. この挟み撃ちのアイデアは本書に繰り返し現れる. 厳密な正当化は演習 1.4 参照.

物理的に興味ある多くの問題は, その問題の解に特有な簡単な不等式に由来している. ここでは二つの例を示したい. この種の手法は不等式の宝庫を提供するものである.

[**例 1.15**] 平坦な, 滑らない地面を歩いている人を考えよう. 1 本の足が振り子のように前方に振れている間, 他の足は地面をしっかりと押さえている. 歩行中の身体の, 簡単な生物工学的モデル [2] では, 接地している脚を真っ直ぐな長さ L の剛体とし, 体の残りの部分を質量 m の, 脚の上にある質点とみなす (図 1.1). この質点は接線速度 v の円を描き, その中心方向の加速度は v^2/L である. この加速度は自由落下の加速度 g を超えられないのは確かで, 直ちに次の不等式が導かれる.

$$v \leq \sqrt{gL}.$$

この評価を用い, 歩行と走行時の変化を考慮に入れ, また脚の平均値を $L \approx 0.9\mathrm{m}$ とし, $g = 9.8\,\mathrm{m/s^2}$ であるから, 人が走る速さには下の限界があり, その限界は速度 $3\,\mathrm{m/s}$ であることをこのモデルは示唆している.

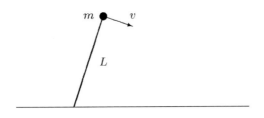

図 1.1 歩行モデル

[**例 1.16**] 電流は並列に配置された抵抗に対して電力消費が最小になるように分配される. 実際に $R_1, \cdots, R_m$ は並列に結線され, その並列回路に流入する全電流を i, 抵抗 R_n を流れる電流を i_n とおく. 全抵抗は同一の電圧 v がかけられている. R_n が消費する電力は $i_n^2 R_n$ であり全消費電力は次式で与えられる.

$$P = \sum_{n=1}^{m} i_n^2 R_n.$$

状態に変化が生じたとき全電流 i の分布に何が起こるだろう．これを知るために抵抗 R_n を流れる電流が i_n から $i_n + \delta_n$ に変動したと仮定する．このときの制約は以下の通り．

$$\sum_{n=1}^{m} (i_n + \delta_n) = i.$$

これから δ_n の和は零である．P' はこのときの新消費電力とすると，

$$P' - P = \sum_{n=1}^{m} (i_n + \delta_n)^2 R_n - \sum_{n=1}^{m} i_n^2 R_n = 2v \sum_{n=1}^{m} \delta_n + \sum_{n=1}^{m} \delta_n^2 R_n.$$

そこで

$$P' - P = \sum_{n=1}^{m} \delta_n^2 R_n \geq 0$$

ゆえに $P' \geq P$ が得られる．

1.7　演習

1.1　$n, m \in \mathbf{N}$ として次式を証明せよ．

(a)　$x, y > 1 \Rightarrow x + y < 2xy.$

(b)　$x > 0 \Rightarrow x + x^{-1} \geq 2.$

(c)　$(x + y)^2 \leq 2(x^2 + y^2).$

(d)　$n > 2 \Rightarrow n! > 2^{n-1}.$

(e)　$2^{n+1} > n^2.$

(f)　$a, b > 0 \Rightarrow a^4 + b^4 \geq ab(a^2 + b^2).$

(g)　$n > 1 \Rightarrow \left(\dfrac{n^2}{n^2 - 1} \right)^n > 1 + \dfrac{1}{n}.$

(h)　$(n + m)! \geq n!(n + 1)^m.$

(i)　$\displaystyle\sum_{n=1}^{m} \dfrac{1}{\sqrt{n}} > 2(\sqrt{m + 1} - 1).$

(j)　$\sinh x \leq \cosh x.$

(k)　$\cosh x \geq 1.$

1.2　物理学への簡単な応用:

(a)　アイススケーターが両腕を広げ回転している. 彼女が腕を縮めた場合，角速度と運動エネルギーが増大することを示せ.

(b)　電気回路の並列回路の電気抵抗値は，個々の電気抵抗の値より大きくないことを示せ.

1.3　次のワイエルストラス (Weierstrass) の不等式を証明せよ:

(a)　正数 $a_1, \cdots, a_n$ に対して

$$\prod_{i=1}^{n}(1+a_i) \geq 1 + \sum_{i=1}^{n} a_i.$$

(b)　$n \geq 2, 0 \leq a_i < 1$ に対して，

$$\prod_{i=1}^{n}(1-a_i) > 1 - \sum_{i=1}^{n} a_i.$$

(関連の不等式および無限積の収束に関する応用等の不等式は Bromwich[12] を参照のこと.)

1.4　数列の極限の問題:

(a)　挟み撃ちの原理を示せ: $n \to \infty$ に対して $a_n \to L, c_n \to L$，さらに $n > N$ に対して $a_n \leq b_n \leq c_n$ のとき $b_n \to L$.

(b)　$n \to \infty$ のとき $n^{1/n} \to 1$.

(c)　$n \to \infty$ のとき $n!/n^n$ の極限値を求めよ.

1.5　与えられた正数 $a_1, \cdots, a_n$ に対して, A, H と G を

$$A = \frac{1}{m}\sum_{n=1}^{m} a_n, \quad H = \left(\frac{1}{m}\sum_{n=1}^{m} a_n^{-1}\right)^{-1}, \quad G = \left(\prod_{n=1}^{m} a_n\right)^{1/m}$$

で定義し，それぞれを算術平均，調和平均，幾何平均と呼ぶ. a_n が一つの値に等しくないとき，それぞれの平均は a_n の最小値と最大値の間にあることを示せ.

1.6　フィボナッチ (Fibonacci) 数 f_n は

$$f_n = f_{n-1} + f_{n-2}$$

で定義される. ここで $f_1 = f_2 = 1$ である. $n \in \mathbf{N}$ に対して次式を示せ.

$$f_n < 2^n.$$

1.7　有限和について次のテレスコーピング (telescoping) を示せ.

$$\sum_{n=1}^{m}(a_{n+1}-a_n)=a_{m+1}-a_1.$$

このとき, $b_1, \cdots, b_m$ が $b_n > a_{n+1}-a_n$ であれば次の不等式を得る.

$$\sum_{n=1}^{m} b_m > a_{m+1}-a_1.$$

これは役に立つ. 例えば部分和 $\sum_{n=1}^{m}(a_{n+1}-a_n)$ それ自体はさして大事でない場合にも有用な結果を導く. このアイデアを $a_n = \sqrt{n}$ に適用し, 次の結果を示せ.

$$2(\sqrt{m+1}-1) < \sum_{n=1}^{m}\frac{1}{\sqrt{n}}.$$

1.8 数の集合 S に「順序」が考えられるとき, S には次の条件をみたす「正の集合」と呼ぶべき部分集合 P が存在することが要請される. 第一条件: 任意の正の数の和と積は正である. 第二条件: 任意の $x \in S$ に対して次の一つだけが成立する, $x = 0$, $x \in P$, $-x \in P$. この要請を使い, 複素数集合 $\mathbf{C}$ は順序を考えることができないことを証明せよ (順序を認めると矛盾が生じる).

1.9 $z = x + iy$ として次の不等式を示せ:

(a) $|\sinh y| \leq |\cos z| \leq \cosh y$

(b) $\sinh|x| \leq |\sinh z| \leq \cosh x$

1.10 上限値と下限値に関する次の主張を証明せよ. ここで扱う集合は $\mathbf{R}$ の部分集合である.

(a) $\sup S$ が存在すればそれは一通りである ($\inf S$ に対しても同様である).

(b) $x \in S$ が S の上界であれば $x = \max S$ である.

(c) $s = \sup S$ と次のことは同値である; (1) 任意の $\varepsilon > 0$ と $x \in S$ に対して $x < s + \varepsilon$; (2) 任意の $\varepsilon > 0$ に対して $y > s - \varepsilon$ なる $y \in S$ が存在する.

(d) $\sup S$ が存在するとき, $\sup S = \inf U$ である, ここで U は S の上界のつくる集合である. $\inf S$ が存在するとき, $\inf S = \sup L$ である, ここで L は S の下界のつくる集合である.

(e) S が空でなければ $\inf S \leq \sup S$ であり, 等号は S が 1 要素からなるときのみ, かつそのときに限る.

(f) $A \subseteq B$ である. $\sup A$ と $\sup B$ の双方が存在するとき, $\sup A \leq \sup B$ である. $\inf A$ と $\inf B$ の双方が存在するとき, $\inf A \geq \inf B$ である.

(g) S は有界集合とし, $S^{-} = \{x \mid -x \in S\}$ とおく. このとき

$$\sup S = -\inf S^{-},$$

$$\inf S = -\sup S^-.$$

(h) S は有界集合とし，$S^c = \{x \mid x/c \in S\}$ とおく，ここで $c > 0$ とする．このとき

$$c \sup S^c = \sup S,$$

$$c \inf S^c = \inf S.$$

1.11 $f(x)$ と $g(x)$ は共通の領域 D で定義されている．このとき次の関係を示せ (以下で部分集合は空でないと仮定する).

(a) $S_1 \subseteq S_2 \subseteq D$ のとき，

$$\sup_{x \in S_1} f(x) \le \sup_{x \in S_2} f(x),$$

$$\inf_{x \in S_1} f(x) \ge \inf_{x \in S_2} f(x).$$

(b) 任意の $x \in S \subseteq D$ に対して $f(x) \le g(x)$ のとき，

$$\sup_{x \in S} f(x) \le \sup_{x \in S} g(x),$$

$$\inf_{x \in S} f(x) \le \inf_{x \in S} g(x).$$

(c) $S \subseteq D$ に対して

$$\sup_{x \in S}[f(x) + g(x)] \le \sup_{x \in S} f(x) + \sup_{x \in S} g(x),$$

$$\inf_{x \in S}[f(x) + g(x)] \ge \inf_{x \in S} f(x) + \inf_{x \in S} g(x),$$

$$\sup_{x \in S}[-f(x)] = -\inf_{x \in S} f(x),$$

$$\inf_{x \in S}[-f(x)] = -\sup_{x \in S} f(x),$$

$$\sup_{x \in S}[f(x) - g(x)] \le \sup_{x \in S} f(x) - \inf_{x \in S} g(x),$$

$$\inf_{x \in S}[f(x) - g(x)] \ge \inf_{x \in S} f(x) - \sup_{x \in S} g(x).$$

(d) $x \in S \subseteq D$ に対して $f(x) \ge 0$ と $g(x) \ge 0$ であるとき，

$$\inf_{x \in S}[f(x)g(x)] \ge \inf_{x \in S} f(x) \inf_{x \in S} g(x),$$

$$\sup_{x \in S}[f(x)g(x)] \le \sup_{x \in S} f(x) \sup_{x \in S} g(x),$$

$$\sup_{x \in S}[1/f(x)] = 1/\inf_{x \in S} f(x),$$

$$\inf_{x \in S}[1/f(x)] = 1/\sup_{x \in S} f(x).$$

1.12 有界単調数列は収束することを証明せよ.（数列が単調とは増加列または減少列のいずれかを意味している；増加列とは, $m > n$ のとき $a_m \geq a_n$ であり, 減少列とは $m > n$ のとき $a_m \leq a_n$ である.）

1.13 L を

$$\lim_{x \to \infty} f(x) = L$$

と定義する. この意味は次の通りである. L は有限値で, 任意の $\varepsilon > 0$ に対して $N > 0$ が存在し, $x > N$ のとき $|f(x) - L| < \varepsilon$ である. このとき次の主張を証明せよ.

(a) 極限が存在すればそれは一通りである.

(b) 関数の和の極限は極限の和である, 関数の積の極限は極限の積である.

(c) 十分大きい x に対して $f(x) \geq 0$ であるとき, $L \geq 0$ である.

第2章

微積分学からの方法

2.1 はじめに

　微積分学の幾つかの主題に対しては不等式が基本的に主要な役割を果たす．関数の連続性，微分操作や極値に関する事項，積分に関わる事項は取り分け重要である．ここでは，これらの内でもっとも肝腎と思われる事柄をとりあげ，幾つかの応用へと議論をすすめる．

2.2 関数記法と諸事項

　I は区間を表す.「$f(x)$ は I 上で有界である」とは次のことを意味する：数 B が存在して，任意の $x \in I$ に対して次式が成立する．

$$|f(x)| \leq B.$$

[**例 2.1**]　関数 $\sin x$ はどんな区間上でも有界である．

　独立変数が共通の極限に接近する場合に二つの関数を比較しよう．この場合これから述べる二つの記法がしばしば有用である．考える関数を $f(x)$ と $g(x)$ とおく．このとき

$$f(x) = O(g(x)) \qquad (x \to \infty \text{ のとき})$$

は次の意味である：正数 B, N が存在して，$x > N$ である限り次の不等式が成立する．

$$|f(x)| \leq B|g(x)|. \tag{2.1}$$

同様に，$f(x) = O(g(x))$ $(x \to +0)$ であるとは，正数 δ と B が存在して

$0 < x < \delta$ である限り不等式 (2.1) が成立するという意味である. また,

$$f(x) = g(x) + O(h(x))$$

の意味は, $f(x) - g(x)$ が $O(h(x))$ であると理解する. また $f(x)/g(x) \to 0$ $(x \to x_0)$ のとき,

$$f(x) = o(g(x)) \qquad (x \to x_0)$$

と書く. この O, o 記法において「尺度関数」g には通例, 簡単な関数, $x^{-1}, 1$ や x 等を選ぶ.

以降は関数に関する極限の幾つかの性質を既知とし, その内の二, 三を明示し注意を促したい. ここで略されている証明は, 対応する数列の場合の性質の証明を参考にするとよい (演習 1.4).

補題 2.1 (挟み撃ちの原理) $g(x) \leq f(x) \leq h(x)$ とし,

$$\lim_{x \to a} g(x) = \lim_{x \to a} h(x) = L$$

のとき, 次の結果を得る.

$$\lim_{x \to a} f(x) = L.$$

ここで関数の連続性*1 の復習を行う.「関数 $f(x)$ が $x = a$ で連続である」とは次の意味である. 任意の $\varepsilon > 0$ に対して $\delta > 0$ が存在し, $|x - a| < \delta$ である限り, $|f(x) - f(a)| < \varepsilon$ である. 任意の $x \in I$ で $f(x)$ が連続であるとき $f \in C(I)$ と書く. また $[a,b]$ 上で連続な関数 f に対して $f \in C[a,b]$ と書く (ここで, 閉区間の端点での連続性に対しては, 上の定義に適当な修正が必要である). 連続性の有用な事柄を二つを述べる.

補題 2.2 (符号の保存*2) $f(x) \in \mathbf{R}$ に対して $f(x_0) \neq 0$ とする. このとき x_0 を含む開区間があって, その区間の任意の x に対して $f(x) \neq 0$ である.

証明 $f(x_0) > 0$ と仮定する (そうでないときは f を $-f$ として考える). $\varepsilon = f(x_0)$ とおく. このとき $\delta > 0$ が存在して, $|x - x_0| < \delta$ に対して

---

*1 訳注:本邦における最近の教科書はこの種の「連続性の定義」(ϵ-δ 論法による定義) はほとんど目にしない. よって読者はこの際, この ϵ-δ 論法と次の定理 2.1 およびその証明を合わせ読み, この論法の効用を理解し経験を積むことになる.

*2 訳注:定理には $f(x_0) \neq 0$ とあるが, $f(x_0)$ の符号の記述がない. しかし証明を見ればわかるように, この定理の「記述」から $f(x_0)$ の符号が区間内で保存されることがわかる.

$|f(x) - f(x_0)| < \varepsilon$ である．よって $x \in (x_0 - \delta, x_0 + \delta)$ に対して $-\varepsilon < f(x) - f(x_0) < \varepsilon$ である．ゆえに $f(x_0) - \varepsilon < f(x) < f(x_0) + \varepsilon$ となり，$f(x_0) = \varepsilon$ から $0 < f(x)$ が得られる． □

定理 2.1（連続性と収束性）　$f(x)$ が点 x_0 で連続であるときかつそのときに限り，任意の $x_n \to x_0$ に対して $f(x_n) \to f(x_0)$ が成立する．

　証明　$f(x)$ は x_0 で連続であり，$x_n \to x_0$ と仮定する．任意の $\varepsilon > 0$ に対して，$\delta > 0$ が存在して $|x - x_0| < \delta$ である限り $|f(x) - f(x_0)| < \varepsilon$ である．N を選び，$n > N$ に対して $|x_n - x_0| < \delta$ とすることができる．これから $n > N$ であれば $|f(x_n) - f(x_0)| < \varepsilon$ となる．よって $f(x_n) \to f(x_0)$．

　逆に $x_n \to x_0$ のとき $f(x_n) \to f(x_0)$ と仮定する．$f(x)$ で x_0 は連続であることを証明したい．そのためには f が連続でないとして矛盾が導かれることをみる．f が連続でないゆえ $\varepsilon > 0$ が存在し任意の $\delta > 0$ に対して $|x - x_0| < \delta$，$|f(x) - f(x_0)| \geq \varepsilon$ である x が存在する．特に数列 $\delta_i = 1/i$ として $|x_i - x_0| < \delta_i$，$|f(x_i) - f(x_0)| \geq \varepsilon$ である x_i をとる．この場合 $x_i \to x_0$ である．しかし $f(x_i) \to f(x_0)$ は不成立． □

　閉区間上の連続関数の性質は取り分け重要である．次の性質を証明なしに認める．詳しくは他の解析学の標準的教科書を参照．最初の結果は中間値の定理として知られている．

定理 2.2　$f(x) \in C[a, b]$ のとき $f(x)$ は $f(a)$ と $f(b)$ の間の全ての値を取ることができる．また，$f(x)$ は $[a, b]$ 上で有界であり，$[a, b]$ 上において $f(x)$ はその上限値と下限値を取ることができる．

　最後に関数の単調性を復習しておく．$f(x)$ が「区間 I 上で増加である」とは，$x_1 < x_2$ のとき $f(x_1) \leq f(x_2)$ が成立することである．同様に $f(x)$ が「区間 I 上で減少である」とは，$x_1 < x_2$ のとき $f(x_1) \geq f(x_1)$ が成立することである．$f(x)$ の不等式で等号が不成立のときには，それぞれ「狭義の増加」あるいは「狭義の減少」であるという．$x_0 \in I$ とし，任意の $x \in I$ に対して $f(x_0) \geq f(x)$ であれば $f(x)$ は I 上で $f(x_0)$ なる最大値をもつという．最小値の定義も同様にして与える．

2.3 積分法の基本的結果

　リーマン (Riemann) 積分の定義を演習 2.8 で与えた. $f(x)$ が $[a,b]$ 上で連続か単調であれば $[a,b]$ 上積分可能である.

　有用な不等式をリーマン和に関する不等式から幾つかつくる. 積分

$$\int_a^b f(x)dx$$

に対して $\Delta x = (b-a)/n$, $x_i = a + i\Delta x, i = 0, \cdots, n$ としてリーマン和を

$$\sum_{i=1}^n f(x_i)\Delta x$$

で定義する. 一旦リーマン和に対して不等式が成立すれば $n \to \infty$ として補題 1.1 を使い, 積分に対する不等式が得られる.

定理 2.3　f, g が $[a,b]$ で積分可能で, $f(x) \le g(x)$ とする. このとき

$$\int_a^b f(x)dx \le \int_a^b g(x)dx.$$

　証明　前述の記法を使いリーマン和に対して

$$\sum_{i=1}^n f(x_i)\Delta x \le \sum_{i=1}^n g(x_i)\Delta x.$$

$n \to \infty$ として補題 1.1 を適用して結果を得る. □

系 2.3.1 (簡単な評価)　$[a,b]$ 上 $f(x)$ が積分可能で, $m \le f(x) \le M$ であるとき, 次の不等式を得る.

$$m(b-a) \le \int_a^b f(x)dx \le M(b-a).$$

系 2.3.2 (絶対不等式)　区間 $[a,b]$ 上で $f(x)$ が積分可能のとき次の不等式を得る.

$$\left|\int_a^b f(x)dx\right| \le \int_a^b |f(x)|dx.$$

　第 2 の系は不等式

$$-|f(x)| \le f(x) \le |f(x)|$$

より得られ，積分に対してちょうど三角不等式の役割を演ずることになる．

　被積分関数に対して連続性を仮定すれば，符号の保存は次の補題のように得られる．

補題 2.3　$f \in C[a,b]$ とし $[a,b]$ 上で $f(x) \ge 0$, さらにある $x \in [a,b]$ で $f(x) > 0$ のとき，

$$\int_a^b f(x)dx > 0.$$

　証明　$x_0 \in (a,b)$ に対して $f(x_0) > 0$ と仮定する．このとき開区間が存在して，そこで $f(x) > 0$ である．これより小さい閉区間をとり，そこで $f(x) > 0$ である．その閉区間を $I = [x_0 - \delta, x_0 + \delta]$ とおく．I での最小値を m とおく．そこで

$$\int_a^b f(x)dx \ge m \cdot (2\delta) > 0.$$

もし x_0 が端点であれば $f(x)$ は内点でも正であり，この論理はやはり適用できる．　　　　　　　　　　　　　　　　　　　　　　　　　　　　□

　一連の平均値の定理は有用である．その内の二つを次に述べる．残りについては演習 2.10 を参照のこと．

定理 2.4 (積分の第 2 平均値定理)　$f \in C[a,b]$ とし, $[a,b]$ 上で $g(x)$ は積分可能でさらに符号を変えないとき，$\xi \in [a,b]$ が存在して

$$\int_a^b f(x)g(x)dx = f(\xi) \int_a^b g(x)dx. \tag{2.2}$$

　証明　$[a,b]$ 上で $g(x) \ge 0$ と仮定する．またそうでないとき $g(x)$ を $-g(x)$ とおく．$f(x)$ の最大値と最小値をそれぞれ M と m とおく．このとき任意の x に対して

$$mg(x) \le f(x)g(x) \le Mg(x),$$

よって

$$m \int_a^b g(x)dx \le \int_a^b f(x)g(x)dx \le M \int_a^b g(x)dx.$$

$\displaystyle \int_a^b g(x)dx = 0$ のときは ξ として任意の値を取り，またそうでないときは

$$m \le \frac{\displaystyle \int_a^b f(x)g(x)dx}{\displaystyle \int_a^b g(x)dx} \le M$$

ゆえ中間値の定理を f に適用して

$$f(\xi) = \frac{\displaystyle \int_a^b f(x)g(x)dx}{\displaystyle \int_a^b g(x)dx}$$

なる $\xi \in [a,b]$ を取り (2.2) が成立する. □

系 2.4.1 (積分の第 1 平均値定理)　$f \in C[a,b]$ のとき，ある $\xi \in [a,b]$ に対して

$$\int_a^b f(x)dx = f(\xi)(b-a).$$

　これからある $\xi \in [a,b]$ があって，$f(\xi)$ が $[a,b]$ 上の $f(x)$ の平均値に等しい.

2.4　微分法の基本的結果

　記法 $f \in C^n[I]$ は f の n 階導関数が存在して I 上連続であることを意味する．この記法で $n = 0$ の場合は単に I 上連続であることを意味し，上付き添え字 n は省くことができる.

　最初に微積分法の基本定理を復習する．定理の証明は通常の標準的なテキストでみることができる.

定理 2.5　$f \in C[a,b]$ であって，$F'(x) = f(x)$ であるとき，

$$\int_a^b f(x)dx = F(b) - F(a).$$

次の結果は級数展開の原点であり，関数の近似や後でみるように不等式をつくる際に大変に有用である．

定理 2.6 (テイラー (Taylor) の定理)　$x > a,\ f(x) \in C^n[a, x]$ であり，$f^{(n+1)}(x)$ が (a, x) 上存在する．このとき，

$$f(x) = f(a) + f'(a)(x - a) + \cdots$$

$$+ \frac{f^{(n)}(a)}{n!}(x - a)^n + \frac{f^{(n+1)}(\xi)}{(n+1)!}(x - a)^{n+1}$$

が成立する ξ が a と x の間に存在する．

証明　右辺の最初の $n+1$ 項は点 a に関する次数 n のテイラー多項式で構成されており，最後の項は剰余項と呼ばれる．証明を簡単にするため，$f \in C^{n+1}[a, b]$ であると仮定する．定理 2.5 により，

$$f(x) - f(a) = \int_a^x f'(t)dt.$$

$u = f'(t), du = f''(t)dt, v = -(x - t), dv = dt$ として部分積分し，

$$\int_a^x f'(t)dt = f'(a)(x - a) + \int_a^x f''(t)(x - t)dt$$

を得る．また，$u = f''(t), du = f'''(t)dt, v = -(x - t)^2/2, dv = (x - t)dt$ として，部分積分を繰り返し適用し，次の等式を得る．

$$f(x) = f(a) + f'(a)(x - a) + \cdots + \frac{f^{(n)}(a)}{n!}(x - a)^n$$

$$+ \frac{1}{n!} \int_a^x f^{(n+1)}(t)(x - t)^n dt.$$

積分下端 a から上端 x の範囲で $(x - t)^n$ の符号は変化しないゆえ，積分の第 2 平均値の定理 (2.2) により a から x までのある ξ が存在して，剰余項は次のように書ける．

$$\frac{1}{n!} \int_a^x f^{(n+1)}(t)(x-t)^n dt = \frac{f^{(n+1)}(\xi)}{n!} \int_a^x (x-t)^n dt = \frac{f^{(n+1)}(\xi)}{(n+1)!}(x-a)^{n+1}.$$

$\square$

次の二つの結果はそれ自体重要であるがテイラーの定理の直接的な帰結として得られるものである．

系 2.6.1 (平均値の定理) $f \in C[a,b]$ は (a,b) で微分可能である．このとき $\xi \in (a,b)$ が存在し，次の等式をみたす．

$$f(b) = f(a) + f'(\xi)(b-a). \tag{2.3}$$

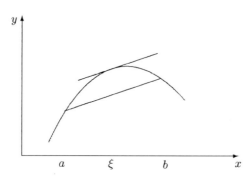

図 2.1　平均値の定理

　直感的には，(a,b) に点 ξ があって，対応するグラフ上の，その点における接線の傾きが区間の両端に対応するグラフの割線の傾きに等しいといえる．図 2.1 を参照せよ．

系 2.6.2 (ロール (Rolle) の定理) $f \in C[a,b]$, $f(x)$ は (a,b) で微分可能かつ $f(a) = f(b) = 0$ であれば，このとき $\xi \in (a,b)$ が存在し，次の等式をみたす．

$$f'(\xi) = 0.$$

　連続関数の二つの零点の間に，導関数の零点が少なくも 1 個存在することをロールの定理が示している．

定理 2.7 (単調条件) $f \in C[a,b]$, $f(x)$ は (a,b) で微分可能かつ $f'(x) \geq 0$ のとき $f(x)$ は $[a,b]$ で増加である．もし，$f'(x) > 0$ のとき $f(x)$ は $[a,b]$ で狭義の増加である．減少関数に対する主張も $f'(x) \leq 0$ と $f'(x) < 0$ の仮定の下でそれぞれ成立する．

　証明　最初の部分を証明し，残りは読者に残す．$a \leq x_1 < x_2 \leq b$ に対して，系 2.6.1 より，$\xi \in (x_1, x_2)$ が存在して $f(x_2) - f(x_1) = f'(\xi)(x_2 - x_1)$. しかし仮定から $f'(\xi) \geq 0$ であり，$x_2 - x_1 > 0$ ゆえ，$f(x_2) - f(x_1) \geq 0$ である．それゆえ $[a,b]$ 上では $x_2 > x_1$ のとき $f(x_2) \geq f(x_1)$ である．　　　□

定理 2.8 (コーシー (Cauchy) の平均値の定理)　$f, g \in C[a,b]$ であり，さらに f, g は (a,b) で微分可能であるとき，$\xi \in (a,b)$ が存在して次の等式が成立する．

$$[f(b) - f(a)]g'(\xi) = [g(b) - g(a)]f'(\xi).$$

　証明　$A = f(b) - f(a), B = -[g(b) - g(a)], C = -Bf(a) - Ag(a)$ とおき，ロールの定理を $h(x) = Ag(x) + Bf(x) + C$ に適用する．　□

　二つの関数の比の単調性を確立する際に次の事柄が有用である．

定理 2.9 (ロピタル (l'Hopital) の単調性規則)　$f, g \in C[a,b]$, f, g は (a,b) で微分可能，(a,b) 上で $g'(x) \neq 0$ である．また (a,b) 上で $f'(x)/g'(x)$ は増加 (減少) である．このとき

$$\frac{f(x) - f(a)}{g(x) - g(a)} \quad \text{と} \quad \frac{f(x) - f(b)}{g(x) - g(b)}$$

もまた (a,b) 上で増加 (減少) である．もし $f'(x)/g'(x)$ が狭義の増加 (減少) であれば，

$$\frac{f(x) - f(a)}{g(x) - g(a)} \quad \text{と} \quad \frac{f(x) - f(b)}{g(x) - g(b)}$$

もまた狭義の増加 (減少) である．

　証明[*1]　(a,b) 上で $g'(x) > 0$ と仮定できる (そうでなければ -1 を g に乗じればよい)．この定理の仮定および定理 2.8 より $x \in (a,b)$ とおく．このとき $y \in (a,x)$ が存在して

$$\frac{f(x) - f(a)}{g(x) - g(a)} = \frac{f'(y)}{g'(y)} \leq \frac{f'(x)}{g'(x)}, \quad \text{それで} \quad f'(x) \geq g'(x)\frac{f(x) - f(a)}{g(x) - g(a)}$$

である．商の微分公式と上式の最後の不等式を用いて，$[f(x)-f(a)]/[g(x)-g(a)]$ の導関数の非負がわかり，よって定理 2.7 が適用でき証明が終わる．　□

[*1] 訳注：ここでの証明から，極限値 $\displaystyle\lim_{x \to a} \frac{f(x) - f(a)}{g(x) - g(a)}$ の存在を仮定すると等式 $\displaystyle\lim_{x \to a} \frac{f(x) - f(a)}{g(x) - g(a)} = \lim_{x \to a} \frac{f'(x)}{g'(x)}$ の成立がわかる．本邦の標準的な微積分のテキストでは，$f(a) = 0 = g(a)$ かつ極限値 $\displaystyle\lim_{x \to a} \frac{f(x)}{g(x)}$ が存在するときに，その極限値の算出に，この訳注で示した等式を用い，その等式を「l'Hôpital(ロピタル) の規則」と呼ぶ．これを不定形の極限計算に重宝な公式として使用している．この極限の形式を 0/0 型の不定形問題とも呼ぶ．

不定形 0/0 の評価に分子と分母双方の微分を行い，ロピタルの規則よりその比を評価する．定理 2.9 は記憶しやすい形で，区間の端点で比が不定形 0/0 で，比の単調性の判定が不明な場合，分子分母を微分し比の評価を再び行う (その際，新しい分母が開区間で零でないことを確認せよ) [*1].

定理 2.10 (2 階導関数による極値の判定) $f \in C^2(a,b)$, $x_0 \in (a,b)$, $f'(x_0) = 0$ かつ $f''(x_0) > 0$ を仮定する．このとき $f(x_0)$ は局所最小値[*2]である．すなわち，正数 δ が存在し，$0 < |x - x_0| < \delta$ に対して $f(x) > f(x_0)$ である．

証明 $f''(x_0) > 0$ を補題 2.2 に適用すれば，正数 δ が存在して，$|x - x_0| < \delta$ のとき $f''(x) > 0$ である．$0 < |\Delta x| < \delta$ とする．定理 2.6 より x_0 と $x_0 + \delta$ の間に ξ が存在して

$$f(x_0 + \Delta x) = f(x_0) + f'(X_0)\Delta x + \frac{1}{2}f''(\xi)(\Delta x)^2 \tag{2.4}$$

である．$f'(x_0) = 0$, $f''(\xi) > 0$ と上式から結果がわかる．$f'(x_0) = 0$ と $f''(x_0) < 0$ であれば $f(x)$ は x_0 で局所最大値[*3]をとる．後でこれに対応する n 変数に関する定理を与える． □

2.5 応用

系 2.6.1(平均値の定理) の応用からはじめよう．

[例 2.2] $0 < x < \pi/2$ に対して，次の有用な不等式

$$\tan x > x \tag{2.5}$$

が成立する．その成立は系 2.6.1 を $f(x) = \tan x, a = 0, b = \pi/2$ として適用することでわかる．実際，$\xi \in (0, x)$ に対して

$$\tan x - \tan 0 = \frac{1}{\cos^2 \xi}(x - 0)$$

と $0 < \cos^2 \xi < 1$ に注意すると良い．同様に系 2.6.1 は，$0 < x$ に対して

$$\sin x < x$$

[*1] 定理 2.9 の証明の訳注参照．
[*2] 訳注：「極小値」と呼ぶ．
[*3] 訳注：「極大値」と呼ぶ．

も成立する (演習 2.4 参照) ので, $0 < x < \pi/2$ に対して次の不等式が成り立つ.

$$\sin x < x < \tan x.$$

[**例 2.3**] 系 2.6.1 を自然対数 $\ln x$ に適用すれば[*1], $\xi \in (1, 1+x)$ が存在して

$$\ln(1+x) - \ln 1 = \frac{1}{\xi}[(1+x) - 1]$$

となり, $x > 0$ に対して

$$\frac{x}{1+x} < \ln(1+x) < x$$

である. これは対数不等式と呼ばれる. (この不等式は $-1 < x < 0$ の範囲まで有効である.)

微分法の他の定理も不等式をつくる方法を多く提供できる. 例えば, $g(x_0) = h(x_0)$, さらに $g(x)$ と $h(x)$ の導関数がわかっていれば

$$g(x) < h(x) \quad (x_0 < x) \tag{2.6}$$

を主張できる. 実際に先ず

$$f(x) = h(x) - g(x)$$

とおく. このとき $f(x_0) = 0$. $x > x_0$ に対して $f'(x) > 0$ のとき (2.6) が得られる.

[**例 2.4**] 上の方法で $0 < x$, $0 < r < 1$ に対して次の不等式を示せる.

$$x^r \leq rx + (1-r) \tag{2.7}$$

実際に

$$f(x) = (1-r) + rx - x^r$$

とおくとき, $f(1) = 0$ で

$$f'(x) = r - rx^{r-1} = r\left(1 - \frac{1}{x^{1-r}}\right)$$

である. $x > 1$ のとき, $f'(x) > 0$; $0 < x < 1$ のとき $f'(x) < 0$ である. そこで (2.7) が成立し, さらに $x = 1$ のときかつそのときに限り等式が成り立つ. 同様にして $x > 0$, $r > 1$ に対して次の不等式が成立する.

[*1] 訳注:ネイピアの数 $e = 2.7181828\cdots$ を底とする対数関数である. $\log x$, $\ln x$ の双方の記法がある.

$$x^r \geq rx + (1 - r).$$

[例 2.5]　$0 < x < \pi/2$ に対して (2.5) を用いると

$$\frac{d}{dx}\left(\frac{\sin x}{x}\right) = \cos x\left(\frac{x - \tan x}{x^2}\right) < 0$$

となり，$\sin x/x$ は考察の区間で狭義の減少である．$x \to \pi/2$ のとき $\sin x/x \to 2/\pi$ であるから，$0 < x < \pi/2$ に対して，次の不等式が成立する．

$$\sin x > \frac{2}{\pi}x$$

これをジョルダン (Jordan) の不等式と呼ぶ．結果を簡単に記憶するために図 2.2 は有効である．

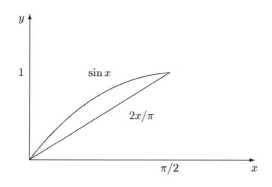

図 2.2　ジョルダンの不等式

　不等式をつくる他の手軽な方法には関数の級数展開の考察によるものがある．第 1 章で 2 項展開式をこの目的で使用している．テイラー展開はこの点で有効である．

[例 2.6]　テイラー展開式

$$e^x = \sum_{n=0}^{\infty} \frac{x^n}{n!}$$

から，$x > 0$ に対して

$$e^x > 1 + x + \frac{x^2}{2}$$

がわかる．より手軽に

$$e^x > 1 + x$$

が得られ，ここで x を x/n で置き換えて自明とはいえない不等式

$$e^x > \left(1 + \frac{x}{n}\right)^n$$

が，任意の $x > 0$ と $n \in \mathbf{N}$ に対して得られる．

[**例 2.7**] $z \in \mathbf{C}$ に対して (1.1) から

$$|\sin z| = \left|\sum_{n=1}^{\infty}(-1)^{n-1}\frac{z^{2n-1}}{(2n-1)!}\right| \le \sum_{n=1}^{\infty}\left|(-1)^{n-1}\frac{z^{2n-1}}{(2n-1)!}\right|$$

$$= \sum_{n=1}^{\infty}\frac{|z|^{2n-1}}{(2n-1)!}$$

が得られる．これより

$$|\sin z| \le \sinh|z|.$$

次にみるように積分の基礎的性質は積分の「評価」(上界値の決定) に有効である．

[**例 2.8**] $a < b$ なる正数 a, b, c, d に対して

$$(b-a)\sqrt{ca^3+d} < \int_a^b \sqrt{cx^3+d}\,dx < (b-a)\sqrt{cb^3+d}$$

が得られる．

[**例 2.9**]   次の積分

$$I = \int_0^1 \frac{x^5}{(x+25)^{1/2}}dx$$

を考えよう．$[0,1]$ 上で $x^5 \ge 0$ である；定理 2.4 から $\xi \in [0,1]$ が存在し

$$I = \frac{1}{6(\xi+25)^{1/2}}$$

である．そこで

$$\frac{1}{6\sqrt{26}} \le I \le \frac{1}{30}.$$

[**例 2.10**]   簡単な考察から次の結果を得る．

$$\int_t^\infty \frac{e^{-x^2}}{x^{2n}}dx = \int_t^\infty \frac{xe^{-x^2}}{x^{2n+1}}dx \le \int_t^\infty \frac{xe^{-x^2}}{t^{2n+1}}dx$$
$$= -\frac{1}{2t^{2n+1}}\int_t^\infty (-2x)e^{-x^2}dx = \frac{e^{-t^2}}{2t^{2n+1}}.$$

[例 2.11]　正値増加関数の平均値は増加する．これは次のようにしてわかる．$[0,a]$ 上で $f(x)$ は増加であるとする．任意の $x \in (0,a]$ に対して

$$f(x) \ge \max_{u\in[0,x]} f(u) = \left(\max_{u\in[0,x]} f(u)\right)\frac{1}{x}\int_0^x du \ge \frac{1}{x}\int_0^x f(u)du.$$

よって次の不等式を得る．

$$f(x) - \frac{1}{x}\int_0^x f(u)du \ge 0.$$

これから

$$\frac{1}{x^2}\left(xf(x) - \int_0^x f(u)du\right) \ge 0.$$

商に対する微分公式を用いて

$$\frac{d}{dx}\left(\frac{1}{x}\int_0^x f(u)du\right) \ge 0.$$

よって求める結果が得られた．

　いろいろな平面曲線で囲まれる面積を考察することで積分を含む不等式がつくられる．次の事例は積分の定義に関連した，最上の例であろう．

[例 2.12]　$-1 < p < 0$ に対する $f(x) = x^p$ は狭義の減少関数である．図 2.3 と 2.4 から次のことは明らかである．

$$\int_1^{n+1} x^p dx < \sum_{k=1}^n k^p < \int_0^n x^p dx.$$

積分を行い，次の不等式を得る．

$$\frac{(n+1)^{p+1}-1}{p+1} < \sum_{k=1}^n k^p < \frac{n^{p+1}}{p+1}.$$

　実積分と同様に，複素平面内の閉曲線に沿う積分に対して不等式を得ることができる．特に系 2.3.2 は複素数の場合に拡張できる：$g(z)$ が曲線 C 上で積分

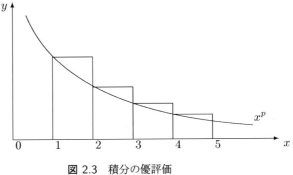

図 2.3　積分の優評価

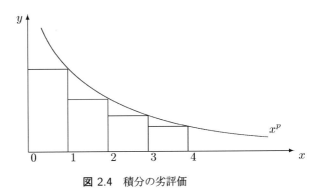

図 2.4　積分の劣評価

可能のとき

$$\left|\int_C g(z)dz\right| \leq \int_C |g(z)||dz|.$$

［例 2.13］　C は有限長さ L をもつと仮定する. $M > 0$ が存在して任意の $z \in C$ に対して

$$|g(z)| < M.$$

このとき

$$\left|\int_C g(z)dz\right| < ML$$

である. その理由は以下の通りである.

$$\left| \int_C g(z)dz \right| \leq \int_C |g(z)||dz| < \int_C M|dz| = ML.$$

2.6 演習

2.1 $p > 0$ とするとき,式

$$\ln x = \int_1^x \frac{dt}{t}$$

と挟み撃ちの原理を用いて次式を示せ.

$$\lim_{x \to \infty} \frac{\ln x}{x^p} = 0.$$

2.2 $n \in \mathbf{N}$ として,微分法を用いて次の事柄を示せ.

(a) $x > 0$ に対して, $\ln x \leq n(x^{1/n} - 1)$ である. 等号は $x = 1$ のときそのときに限る.

(b) $x > 0$ に対して, $x^n + (n-1) \geq x$ である.

(c) $\pi/2 > x > 0$ に対して, $2\ln(\sec x) < \sin x \tan x$ である.

(d) $x \geq 0$ に対し, $\sinh x \geq x$.

(e) $1 \geq x \geq 0$ に対して, $|x \ln x| \leq e^{-1}$.

(f) $1 > x$ に対して, $e^x < (1-x)^{-1}$.

(g) $\pi^e < e^\pi$.

(h) $s, t > 0, 1 \geq a > 0$ に対して, $(s+t)^a \leq s^a + t^a \leq 2^{1-a}(s+t)^a$.

(i) $s, t > 0, b \geq 1$ に対して, $2^{1-b}(s+t)^b \leq s^b + t^b \leq (s+t)^b$.

2.3 $x > a > 0$ に対して

$$e^x \geq \left(\frac{ex}{a} \right)^a$$

を示せ. さらに等号の成立条件を示せ. (関連する不等式については Mitrinovic[45] を参照のこと)

2.4 系 2.6.1 を用いて次の不等式を示せ.

(a) $0 < x$ に対して $\sin x < x$.

(b) $0 < x$ に対して $x/(1+x^2) < \tan^{-1} x < x$.

(c) $0 < x$ に対して $1 + (x/2\sqrt{1+x}) < \sqrt{1+x} < 1 + x/2$.

(d) $y > x$ に対して $e^x(y-x) < e^y - e^x < e^y(y-x)$.

(e)　$a > 1, x > -1$ に対して $(1+x)^a \le 1 + ax(1+x)^{a-1}$. さらに等号は $x = 0$ のときそのときに限る.

さらにある定数 B で $|f'(x)| \le B$ のときは次の「リプシツ (Lipschitz) 条件」をみたすことを示せ.

$$|f(x_2) - f(x_1)| \le B|x_2 - x_1|.$$

2.5　ロピタルの単調規則の応用:

(a)　正数 $a > 1$ と $x > -1, x \ne 0$ に対して $h(x) = ((1+x)^a - 1)/x$ とおく. ロピタルの単調規則とその訳注を用い $h(0) = a$ と定義できる. 実際に定理 2.9 により $h(x)$ は $[-1, \infty)$ 上で増加であり, 単調規則 (とその訳注) から $\lim_{x \to \pm 0} h(x)$ の存在がわかり, これから $h(0) = a$ と定義できることがわかる. また,

$$(1+x)^a \ge 1 + ax$$

となり, 等号は $x = 0$ のときかつそのときに限り成立する (演習 2.4 参照).

(b)
$$h(x) = \frac{\ln \cosh x}{\ln((\sinh x)/x)}$$

は $(0, \infty)$ 上で減少であることを示せ.

(c)　$(0,1) \ni x$ に対して次の不等式を証明せよ.
$$\pi < \frac{\sin \pi x}{x(1-x)} \le 4.$$

(d)　$(0, \pi/2)$ 上で $1 > \sin x / x > 2/\pi$ を証明せよ (演習 2.5 参照).

2.6　級数の展開を使い, 次の不等式の成立を示せ.

(a)　$|\cos z| \le \cosh |z|, z \in \mathbf{C}$.

(b)　$|x| < 1$ に対して $|\ln(1+x)| \le -\ln(1 - |x|)$.

(c)　任意の n に対して $0 \le a_n < 1$ のとき, $\displaystyle \prod_{n=1}^{\infty}(1 + a_n) \le \exp\left(\sum_{n=1}^{\infty} a_n\right)$.

2.7　$n \, (> 1)$ は整数であり, 正数 a, b は $a > b$ をみたす. このとき
$$b^{n-1} < \frac{a^n - b^n}{n(a - b)} < a^{n-1}$$

を示せ. これを使い, 任意の正数は正の n 乗根を高々 1 個もつことを示せ.

2.8　この演習は積分の定義に関するものである. $f(x)$ が $[a, b]$ 上で積分可能とし,
$$\int_a^b f(x)dx = I$$

とおく. これは微分積分学において, 次のような意味である. 任意の $\varepsilon > 0$ に対して $\delta > 0$ が存在し, 区間 $[a,b]$ の分点

$$a = x_0 < x_1 < \cdots < x_n = b,$$

$x_i - x_{i-1} < \delta$, $\xi \in [x_{i-1} - x_i]$, $i = 1, \cdots, n$ であれば次式が成立する.

$$\left| \sum_{i=1}^{n} f(\xi)(x_i - x_{i-1}) - I \right| < \varepsilon.$$

上記の特別な場合として, $f(x)$ が $[a,b]$ 上で積分可能であれば $\Delta x = (b-a)/n$ とおいて次式を得る.

$$\lim_{n \to \infty} \sum_{i=1}^{n} f(a + i\Delta x)\Delta x = \int_a^b f(x)dx.$$

(a) $f(x)$ が $[a,b]$ 上で積分可能のとき, $[a,b]$ 上で $f(x)$ が有界であることを示せ.

(b) $f(x)$ が $[a,b]$ 上で積分可能のとき,

$$F(x) = \int_a^x f(t)dt$$

が $[a,b]$ 上で連続であることを示せ.

(c) $0 < x \leq 1$ に対して $f(x) = x^{-1/2}$, $f(0) = 0$ とおく. このとき $\int_0^1 f(x)dx$ は存在するか.

2.9 引き続き積分に絡む演習を行う.

(a) $\alpha, \beta \geq 0$ のとき, 次の積分値に対する簡単な下界値と上界値を与えよ.

$$I(\alpha, \beta) = \int_0^1 \frac{dx}{(x^\beta + 1)^\alpha}.$$

(b) 次式を示せ.

$$\int_0^{\pi/2} \ln(1/\sin t)dt < \infty.$$

(c) $f(x)$ が $[0, \infty)$ 上で指数関数オーダの増大度であるとは以下の意味である. すなわち, 正定数 b と C が存在して $t \geq 0$ に対して次式が成立する.

$$|f(t)| \leq Ce^{bt}.$$

$f(x)$ のラプラス (Laplace) 変換 $F(s)$ の定義は

$$F(s) = \int_0^\infty f(t)e^{-st}dt$$

で与えられる. $f(x)$ が指数関数オーダの増大度であれば $f(x)$ のラプラス変換が $s \, (> b)$ に対して存在することを示せ.

(d) 不等式

$$\int_0^{\pi/2}(\sin x)^{2n+1}dx \le \int_0^{\pi/2}(\sin x)^{2n}dx \le \int_0^{\pi/2}(\sin x)^{2n-1}dx$$

を示し，次のワーリス (Wallis) の積を証明せよ．

$$\frac{\pi}{2}=\frac{2}{1}\frac{2}{3}\frac{4}{3}\frac{4}{5}\frac{6}{5}\frac{6}{7}\cdots\frac{2m}{2m-1}\frac{2m}{2m+1}\cdots.$$

(e) 極限値

$$\lim_{T\to\infty}\int_0^T \frac{\sin x}{x}dx$$

の存在とその積分値が $1-\pi^{-1}$ と 2 の間にあることを示せ．

2.10 次の命題を証明せよ．その内 (a) と (b) は特に挑戦に値するもので，ホブソン (Hobson [29]) によるとこれらは最初にボネ (Bonnet) により (おおよそ 1850 年に) 得られた．

(a) $f(x)$ は単調減少で $[a,b]$ 上で非負，$g(x)$ は $[a,b]$ 上で積分可能である．このとき $a \le \xi \le b$ なる ξ が存在して次式をみたす．

$$\int_a^b f(x)g(x)dx = f(a)\int_a^\xi g(x)dx.$$

(b) $f(x)$ は単調増加で $[a,b]$ 上で非負，$g(x)$ は $[a,b]$ 上で積分可能である．このとき $a \le \eta \le b$ なる η が存在して次式をみたす．

$$\int_a^b f(x)g(x)dx = f(b)\int_\eta^b g(x)dx.$$

(c) $f(x)$ は有界かつ単調で $[a,b]$ 上で非負，また $g(x)$ は $[a,b]$ 上で積分可能とする．このとき $a \le \xi \le b$ なる ξ が存在して次式をみたす．

$$\int_a^b f(x)g(x)dx = f(a)\int_a^\xi g(x)dx + f(b)\int_\xi^b g(x)dx.$$

これはかつて積分の第 2 平均値の定理と呼ばれていた．

(d) $f(x)$ は単調かつ $[a,b]$ 上で積分可能で，条件 $f(a)f(b) \ge 0$ と $|f(a)| \ge |f(b)|$ をみたすものとする．また $g(x)$ は $[a,b]$ 上実数値で積分可能とする．このとき次式をみたす．

$$\left|\int_a^b f(x)g(x)dx\right| \le |f(a)| \max_{a\le\xi\le b}\left|\int_a^\xi g(x)dx\right|.$$

これは積分に関するオストロフスキー (Ostrowski) の不等式と呼ばれている．

2.11 図形的手段による演習:

(a) $n \in \mathbf{N}, n > 1$ に対して図形的手段で次式を示せ.

$$\int_1^n \ln x\, dx < \ln(n!) < \int_1^{n+1} \ln x\, dx.$$

(b) $x > 0$ に対する $y = 1/x$ のグラフを書き,このグラフおよび x 軸や直線 $x = a$ と $x = b$ $(b > a)$ とで囲まれる領域の面積を考えよ.これを適当な 2 個の台形の面積と比較し,次式を得よ.

$$\frac{2(b-a)}{b+a} < \ln\left(\frac{b}{a}\right) < \frac{b^2 - a^2}{2ab}.$$

2.12 オイラー (Euler) の定数 C は

$$C = \lim_{n\to\infty} C_n = \lim_{n\to\infty}\left(\sum_{j=1}^n \frac{1}{j} - \ln n\right)$$

で定義される.C_n が狭義の減少列で下界が $1/2$ であることを示すことで,C が正値として存在することを証明せよ.(最初のヒント:演習 2.11 のように台形を用いよ.)

2.13 細い金属の輪は,同じ半径と質量をもつ金属の円盤にくらべてより遅い速度で斜面を下ることを示せ.

2.14 次のロールの定理の一般化を証明せよ.$g \in C^n[a,b]$ とし,$x_0 < x_1 < \cdots < x_n$ なる $[a,b]$ 内の $n+1$ 個の点があり,次の条件をみたす.

$$g(x_0) = g(x_1) = \cdots = g(x_n) = 0.$$

このとき $g^{(n)}(\xi) = 0$ をみたす $\xi \in [a,b]$ が存在する.

2.15 $g(x) \geq 0, g(x) \in C[a,b]$ かつ

$$\int_a^b g(x)dx = 0$$

のとき $[a,b]$ 上で $g(x) \equiv 0$ であることを証明せよ.

2.16 B の任意の数値が A に属する数値による数列の極限で表現できるとき,集合 A は集合 B で稠密であるという.B 上で $f(x)$ と $g(x)$ が連続であり,B のある稠密部分集合上で不等式 $f(x) \leq g(x)$ が成立すれば,B の任意の点 x で同じ不等式が成立する.任意の実数上で不等式の成立を主張するには,任意の有理数上でのこの議論の成立を示せば十分であることの説明に応用せよ.

2.17 (用心を少し) 2 つの関数間に成立する不等式を直接微分することで別の不等式を得ることは一般に可能か? 例えば,$f(x) > g(x)$ のとき $f'(x) > g'(x)$ は正しいか(正しくない,反例がつくれる).しかし,$[a,b]$ 上で $f'(x) > g'(x)$ であるとき $f(b) - f(a) > g(b) - g(a)$ が得られることに注意せよ.

第3章

標準的な不等式

3.1　はじめに

　ここで幾つかの有名な不等式をみてみよう．これらの多くは極めて強力で，純粋数学および応用数学の双方において大きな結果をもたらしている．ベルヌイの不等式と呼ばれる簡単な不等式から始め，より進んだ例を紹介する．

3.2　ベルヌイの不等式

定理 3.1 (ベルヌイ (Bernoulli) の不等式)　$n \in \mathbf{N}$, $x \geq -1$ のとき,

$$(1+x)^n \geq 1 + nx \tag{3.1}$$

が成立する．さらに $n = 1$ または $x = 0$ のとき，かつそのときに限り等号が成立する (一般化については演習 2.5 を参照のこと).

　証明　帰納法で初等的証明を与えることができる．次の命題を考えよう．$\mathcal{P}(n)$: $x \geq -1 \Rightarrow (1+x)^n \geq 1 + nx$, $n = 1$ または $x = 0$ のとき，かつそのときに限り等号が成立する．$\mathcal{P}(1)$ の成立は自明．そこで，$n \in \mathbf{N}$ に対して $\mathcal{P}(n)$ の成立を仮定せよ．$n+1 > 1$ ゆえ，$\mathcal{P}(n+1)$ において等号成立条件は，単に $x = 0$ である．非負数 $1 + x$ を乗じて次式を得る．

$$(1+x)^{n+1} \geq (1+x)(1+nx)$$
$$= 1 + (n+1)x + nx^2 \geq 1 + (n+1)x. \tag{3.2}$$

$nx^2 = 0$ のとき，かつそのときに限り (3.2) で等号が成立する，またそのとき，かつそのときに限り，$x = 0$ である．　□

3.3 ヤングの不等式

　狭義の単調増加かつ連続でそれぞれは互いの逆関数である，2 個の関数 f と g を考えよう．図 3.1 のグラフのように双方は原点を零点とする．面積 $A_1 + A_2$ は幅 w と高さ h の矩形の面積より明らかに大であるので (いかなる正数 w, h の選択に対しても)，直ちに次の定理に導かれる．

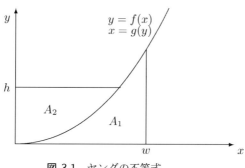

図 3.1　ヤングの不等式

定理 3.2 (ヤング (Young) の不等式)　$f, g \in C$ は，狭義の単調増加で，互いに他の逆関数であって，$f(0) = g(0) = 0$ である．このとき次の不等式が成立する．

$$wh \le \int_0^w f(x)dx + \int_0^h g(x)dx. \tag{3.3}$$

さらに $h = f(w)$ のとき，かつそのときに限り等号が成立する．

　解析的証明は演習 3.1 を参照のこと．

3.4　平均値に関する不等式

　ここでは有名な算術平均・幾何平均不等式[*1] を紹介する．

定理 3.3 (重み付き 算術平均・幾何平均不等式)　$a_1, \cdots, a_n$ は正数，$\delta_1, \cdots, \delta_n$ を $\delta_1 + \cdots + \delta_n = 1$ をみたす正数 (重み) とする．このとき

[*1] 訳注：算術平均・幾何平均 (Algebraic Mean and Geometric Mean, AM-GM) は相加平均・相乗平均ともいう．

$$\delta_1 a_1 + \cdots + \delta_n a_n \geq a_1^{\delta_1} \cdots a_n^{\delta_n} \tag{3.4}$$

であり, a_i がすべて等しいとき, かつそのときに限り等式が成立する.

証明 ([21] を参照). $x > 0$ のとき $x - 1 - \ln x \geq 0$ であり, $x = 1$ のとき, かつそのとき限り等号が成立することに注意する (演習 2.2(a)).

$$A = \sum_{k=1}^{n} \delta_k a_k$$

とおき, 各 i に対して $a_i/A - 1 - \ln(a_i/A) \geq 0$. これに δ_i を乗じ i で加えて

$$\sum_{i=1}^{n} (\delta_i a_i/A - \delta_i) - \sum_{i=1}^{n} \delta_i \ln(a_i/A) \geq 0. \tag{3.5}$$

$$\sum_{i=1}^{n} (\delta_i a_i/A - \delta_i) = 0$$

ゆえ

$$\sum_{i=1}^{n} \delta_i \ln(a_i/A) \leq 0.$$

指数関数は増加であること (定理 2.7 参照) と指数法則より,

$$\exp\left[\sum_{i=1}^{n} \delta_i \ln(a_i/A)\right] \leq \exp(0) = 1.$$

これより $(a_1^{\delta_1} \cdots a_n^{\delta_n})/A \leq 1$, すなわち

$$a_1^{\delta_1} \cdots a_n^{\delta_n} \leq \delta_1 a_1 + \cdots + \delta_n a_n. \tag{3.6}$$

(3.6) における等号は (3.5) において等号が成立するとき, かつそのときに限り成立する. 各項が非負値であるから (3.5) の等号は各項が零である. すなわち各々 $a_i/A = 1$ であるとき, かつそのときに限り成立する. 言いかえれば (3.6) における等号は $a_1 = \cdots = a_n$ のとき, かつそのときに限り成立する. 他の証明に関しては演習 3.5, 3.9 と 3.23 を参照 ☐

各 i に対して重みを $\delta_i = 1/n$ とおくとき, 次の結果を得る.

系 3.3.1 (算術平均・幾何平均不等式) $a_1, \cdots, a_n$ が正数であれば

$$\frac{a_1 + \cdots + a_n}{n} \geq (a_1 \cdots a_n)^{1/n}. \tag{3.7}$$

等号は全ての a_i が等しいとき，かつそのときに限り成立する．

通例，左辺は算術平均，右辺は幾何平均と呼ばれている．[*1]

[例 3.1]　(3.7) を $1/a_i$ に適用すれば

$$\frac{1}{(a_1^{-1} + \cdots + a_n^{-1})/n} \leq (a_1 \cdots a_n)^{1/n}.$$

左辺を a_i の調和平均と呼んでいる (演習 1.5 参照)．すなわち正数の調和平均は必ず幾何平均を超えないことがわかる．

[例 3.2]　簡単なテクニックとして対象に 1 を乗じた後に (3.7) を適用する手法がある．例えば，次の数列を考える．

$$a_n = \left(1 + \frac{1}{n}\right)^n.$$

このとき

$$a_n = \left(1 + \frac{1}{n}\right)^n \cdot 1 < \left[\frac{n\left(1 + 1/n\right) + 1}{n+1}\right]^{n+1} = \left(\frac{n+2}{n+1}\right)^{n+1}$$

$$= \left(1 + \frac{1}{n+1}\right)^{n+1}.$$

これより $a_n < a_{n+1}$ であり，a_n は単調増加である．

算術平均・幾何平均不等式の積分形は演習 3.10 で導入される．

3.5　ヘルダーの不等式

算術平均・幾何平均不等式を一回適用して次の不等式が得られる．

定理 3.4 (ヘルダー (Hölder) の不等式)　各 $j, 1 \leq j \leq n$ に対して $a_{j1}, \cdots, a_{jm}$ は零でないとし，さらに $\delta_1 + \cdots + \delta_n = 1$ をみたす正数 $\delta_1, \cdots, \delta_n$ をとる．各 j に対して

[*1] 訳注 (再)：算術平均は相加平均，幾何平均は相乗平均と呼ばれている．

$$S_j = \sum_{i=1}^{m} |a_{ji}|$$

とおく. このとき次式が成立する.

$$\sum_{i=1}^{m} |a_{1i}|^{\delta_1} \cdots |a_{ni}|^{\delta_n} \leq S_1^{\delta_1} \cdots S_n^{\delta_n}. \tag{3.8}$$

証明　(3.4) を和の各項の適用して次式を得る.

$$
\begin{aligned}
\frac{\sum_{i=1}^{m} |a_{1i}|^{\delta_1} \cdots |a_{ni}|^{\delta_n}}{S_1^{\delta_1} \cdots S_n^{\delta_n}} &= \sum_{i=1}^{m} \left(\frac{|a_{1i}|}{S_1} \right)^{\delta_1} \cdots \left(\frac{|a_{ni}|}{S_n} \right)^{\delta_n} \\
&\leq \sum_{i=1}^{m} \delta_1 \frac{|a_{1i}|}{S_1} + \cdots + \delta_n \frac{|a_{ni}|}{S_n} \\
&= \delta_1 + \cdots + \delta_n \\
&= 1.
\end{aligned}
\tag{3.9}
$$

□

$n = 2$, $\delta_1 = 1/p$, $\delta_2 = 1/q$, $a_{1i} = |a_i|^p$, $a_{2i} = |b_i|^q$, $i = 1, \cdots, m$ として (3.8) から次式を得る.

$$\sum_{i=1}^{m} |a_i b_i| \leq \left(\sum_{i=1}^{m} |a_i|^p \right)^{1/p} \left(\sum_{i=1}^{m} |b_i|^q \right)^{1/q}. \tag{3.10}$$

この特別な例もまた通常ヘルダーの不等式と呼ばれている. これはヤングの不等式に基づく別の方法でも証明できる. 実際に $f(x) = x^{p-1}$ と $g(x) = x^{q-1}$ における冪 p, q は共役関係

$$\frac{1}{p} + \frac{1}{q} = 1 \quad (1 < p < \infty)$$

をみたすとき, (3.3) から

$$wh \leq \frac{w^p}{p} + \frac{h^q}{q}$$

を得る. m 個の数の対, $a_1, \cdots, a_m$ と $b_1, \cdots, b_m$ から

$$\alpha = \left(\sum_{j=1}^{m} |a_j|^p\right)^{1/p}, \quad \beta = \left(\sum_{j=1}^{m} |b_j|^q\right)^{1/q}$$

を定める. α, β がいずれも零でないとき, 任意の i に対して

$$\frac{|a_i|}{\alpha}\frac{|b_i|}{\beta} \leq \frac{1}{p}\frac{|a_i|^p}{\alpha^p} + \frac{1}{q}\frac{|b_i|^q}{\beta^q}$$

を得る. i で加えると

$$\frac{1}{\alpha\beta}\sum_{i=1}^{m}|a_i||b_i| \leq \frac{1}{p\alpha^p}\sum_{i=1}^{m}|a_i|^p + \frac{1}{q\beta^q}\sum_{i=1}^{m}|b_i|^q = \frac{1}{p}+\frac{1}{q}=1$$

として求めたい不等式が得られた.

(3.10) において $m \to \infty$ とおくと補題 1.1 から, 右辺の級数和がいずれも収束するとき次式を得る.

$$\sum_{i=1}^{\infty}|a_ib_i| \leq \left(\sum_{i=1}^{\infty}|a_i|^p\right)^{1/p}\left(\sum_{i=1}^{\infty}|b_i|^q\right)^{1/q}.$$

積分に対応する結果として, 右辺の積分が存在する条件下で次式が成り立つ.

$$\int_a^b |f(x)g(x)|dx \leq \left(\int_a^b |f(x)|^p dx\right)^{1/p}\left(\int_a^b |g(x)|^q dx\right)^{1/q}. \quad (3.11)$$

この導出には演習 3.14 を参照のこと.

ヘルダーの不等式でいつ等号が成立するかを考えるには, 次のことに注意する. すなわち, 任意の i に対して $\alpha_i \geq 0$ であれば,

$$\sum_{i=1}^{m}\alpha_i = 0$$

であるとき, かつそのときに限り各々の i に対して $\alpha_i = 0$ である. そこで各 i に対して $\alpha_i \geq \beta_i$ であれば,

$$\sum_{i=1}^{m}\alpha_i = \sum_{i=1}^{m}\beta_i$$

であるとき, かつそのときに限り各 i に対して $\alpha_i = \beta_i$ である. そこで (3.9) で等号が成立するとき, かつそのときに限り各 i で次の等式が成立する.

$$\left(\frac{|a_i|}{S_1}\right)^{\delta_1}\cdots\left(\frac{|a_{ni}|}{S_n}\right)^{\delta_n} = \delta_1\frac{|a_{1i}|}{S_1}+\cdots+\delta_n\frac{|a_{ni}|}{S_n}. \quad (3.12)$$

重み付き算術平均・幾何平均不等式から (3.12) が成立するとき，かつそのときに限り各 i で

$$\frac{|a_{1i}|}{S_1} = \cdots = \frac{|a_{ni}|}{S_n} \tag{3.13}$$

である．そこでヘルダーの不等式 (3.8) で等号が成立するとき，かつそのときに限り (3.13) が各 i で成立する．$n = 2$ で (3.10) が等式のとき，かつそのときに限り各 i に対して次式が成立する．

$$\frac{|a_i|^p}{\displaystyle\sum_{i=1}^{m} |a_i|^p} = \frac{|b_i|^q}{\displaystyle\sum_{i=1}^{m} |b_i|^q}. \tag{3.14}$$

　各 a_{ji} が零でないという条件を取り去れれば便利である．$a_{j1} = \cdots = a_{jm} = 0$ の場合，(3.8) の成立は明らか．次に各 $\{a_{j1}, \cdots, a_{jm}\}$ は非零の数を少なくも 1 個もつと仮定する．(3.9) の両辺の和を構成する i 番目に対する次の不等式は真である

$$\left(\frac{|a_{1i}|}{S_1}\right)^{\delta_1} \cdots \left(\frac{|a_{ni}|}{S_n}\right)^{\delta_n} \le \delta_1 \frac{|a_{1i}|}{S_1} + \cdots + \delta_n \frac{|a_{ni}|}{S_n}$$

(実際に各 $a_{ji} \neq 0$ のときは (3.4) により，そうでないときは明らかに成立する．) そこで (3.9) と (3.10) は依然として正しい．このような議論から (3.10) については次のように改善できる．

定理 3.5 (ヘルダーの不等式)　$p > 1, q > 1$ と $p^{-1} + q^{-1} = 1$ である．このとき任意の実数列 $\{a_1, \cdots, a_m\}$ と $\{b_1, \cdots, b_m\}$ に対して次の不等式が成立する．

$$\sum_{i=1}^{m} |a_i b_i| \le \left(\sum_{i=1}^{m} |a_i|^p\right)^{1/p} \left(\sum_{i=1}^{m} |b_i|^q\right)^{1/q}.$$

等号は $\{a_i\}$ と $\{b_i\}$ の一方が零からなる列か，または各 i に対して次式が成立するとき，かつそのときに限る．

$$\frac{|a_i|^p}{\displaystyle\sum_{i=1}^{m} |a_i|^p} = \frac{|b_i|^q}{\displaystyle\sum_{i=1}^{m} |b_i|^q}.$$

3.6 ミンコフスキーの不等式

定理 3.6 (ミンコフスキー (Minkowski) の不等式) $p \geq 1$ のとき, 任意の実数列 $\{a_1, \cdots, a_m\}$ と $\{b_1, \cdots, b_m\}$ に対して次の不等式が成立する.

$$\left(\sum_{i=1}^{m} |a_i + b_i|^p\right)^{1/p} \leq \left(\sum_{i=1}^{m} |a_i|^p\right)^{1/p} + \left(\sum_{i=1}^{m} |b_i|^p\right)^{1/p}. \quad (3.15)$$

証明 $p = 1$ のときは三角不等式から得られる. 次に $p > 1$ とし, $p^{-1} + q^{-1} = 1$ となるように $q > 1$ を選ぶ. ヘルダーの不等式から

$$\sum_{i=1}^{m} |\alpha_i \beta_i| \leq \left(\sum_{i=1}^{m} |\alpha_i|^p\right)^{1/p} \left(\sum_{i=1}^{m} |\beta_i|^q\right)^{1/q}.$$

$\alpha_i = |a_i|$ と $\beta_i = |a_i + b_i|^{p/q}$ とし, さらに $\alpha_i = |b_i|$ と $\beta_i = |a_i + b_i|^{p/q}$ とするとき次式を得る.

$$\sum_{i=1}^{m} |a_i||a_i + b_i|^{p/q} \leq \left(\sum_{i=1}^{m} |a_i|^p\right)^{1/p} \left(\sum_{i=1}^{m} |a_i + b_i|^p\right)^{1/q}, \quad (3.16)$$

$$\sum_{i=1}^{m} |b_i||a_i + b_i|^{p/q} \leq \left(\sum_{i=1}^{m} |b_i|^p\right)^{1/p} \left(\sum_{i=1}^{m} |a_i + b_i|^p\right)^{1/q}. \quad (3.17)$$

$p = 1 + (p/q)$ ゆえ各 i に対して三角不等式より

$$|a_i + b_i|^p = |a_i + b_i||a_i + b_i|^{p/q}$$

$$\leq |a_i||a_i + b_i|^{p/q} + |b_i||a_i + b_i|^{p/q}. \quad (3.18)$$

各 i に対して (3.18) を加え (3.16) と (3.17) を使い, 次式を得る.

$$\sum_{i=1}^{m} |a_i + b_i|^p \leq \left(\sum_{i=1}^{m} |a_i|^p\right)^{1/p} \left(\sum_{i=1}^{m} |a_i + b_i|^p\right)^{1/q}$$

$$+ \left(\sum_{i=1}^{m} |b_i|^p\right)^{1/p} \left(\sum_{i=1}^{m} |a_i + b_i|^p\right)^{1/q}$$

$$= \left[\left(\sum_{i=1}^{m} |a_i|^p\right)^{1/p} + \left(\sum_{i=1}^{m} |b_i|^p\right)^{1/p}\right] \left(\sum_{i=1}^{m} |a_i + b_i|^p\right)^{1/q}.$$

$$\sum_{i=1}^{m} |a_i + b_i|^p \neq 0$$

と仮定すると (3.15) は明らかに成立し，定理は証明された（その仮定が成り立たないときの定理の成立は明らか）.　　　　　　　　　　　　　　　□

　等号の成立条件に付いては演習 4.8 を参照.

　級数が収束するときや関数が積分可能のとき，ミンコフスキーの不等式は級数の和や積分に対してそれぞれ次式のように拡張できる.

$$\left(\sum_{i=1}^{\infty} |a_i + b_i|^p \right)^{1/p} \leq \left(\sum_{i=1}^{\infty} |a_i|^p \right)^{1/p} + \left(\sum_{i=1}^{\infty} |b_i|^p \right)^{1/p},$$

$$\left(\int_a^b |f(x) + g(x)|^p dx \right)^{1/p} \leq \left(\int_a^b |f(x)|^p dx \right)^{1/p} + \left(\int_a^b |g(x)|^p dx \right)^{1/p}.$$

3.7　コーシー・シュワルツの不等式

定理 3.7 (コーシー・シュワルツ (Cauchy-Schwarz) の不等式)　　$a_1, \cdots, a_m$ と $b_1, \cdots, b_m$ は非負実数とする.　このとき

$$\left(\sum_{i=1}^{m} a_i b_i \right)^2 \leq \left(\sum_{i=1}^{m} a_i^2 \right) \left(\sum_{i=1}^{m} b_i^2 \right). \tag{3.19}$$

ここで a_i が全て零か，または b_i が全て零であるか，または任意の j に対して次式が成立するとき等号が成立する.

$$a_j = \sqrt{ \left(\sum_{i=1}^{m} a_i^2 \right) \Big/ \left(\sum_{i=1}^{m} a_i^2 \right) } \, b_j.$$

　証明　ヘルダーの不等式において $p = q = 2$ とおいて結果は得られる.　他には 2 次不等式の知識が使える.　先ず任意の i に対して $a_i = 0$ のとき (3.19) の成立は自明である.　少なくもある i に対して $a_i \neq 0$ のときは，任意の $x \in \mathbf{R}$ に対して

$$\sum_{i=1}^{m} (a_i x + b_i)^2 \geq 0$$

または

$$g(x) = \alpha x^2 + 2\beta x + \gamma \geq 0$$

である，ここで

$$\alpha = \sum_{i=1}^{m} a_i^2, \quad \beta = \sum_{i=1}^{m} a_i b_i, \quad \gamma = \sum_{i=1}^{m} b_i^2.$$

よって $\beta^2 - \alpha\gamma = \Delta \leq 0$ であるので，(3.19) は成立する． □

不等式の右辺の級数が収束する限り，次の不等式が得られる．

$$\left(\sum_{i=1}^{\infty} a_i b_i \right)^2 \leq \left(\sum_{i=1}^{\infty} a_i^2 \right)^2 \left(\sum_{i=1}^{\infty} b_i^2 \right)^2.$$

リーマン和に対して (3.19) を書き，補題 1.1 を適用すれば自乗積分可能な $f(x)$ と $g(x)$ に対して次式を得る．

$$\left(\int_a^b f(x)g(x)dx \right)^2 \leq \left(\int_a^b f^2(x)dx \right)^2 \left(\int_a^b g^2(x)dx \right)^2.$$

3.8 チェビシェフの不等式

定理 3.8 (チェビシェフ (Chebyshev) の不等式) $a_1, \cdots, a_m$ と $b_1, \cdots, b_m$ がいずれかの順序関係をみたす．

$$\begin{cases} a_1 \leq \cdots \leq a_m, \\ b_1 \leq \cdots \leq b_m, \end{cases} \quad \text{または} \quad \begin{cases} a_1 \geq \cdots \geq a_m, \\ b_1 \geq \cdots \geq b_m. \end{cases}$$

このとき

$$\frac{1}{m} \sum_{i=1}^{m} a_i b_i \geq \left(\frac{1}{m} \sum_{i=1}^{m} a_i \right) \left(\frac{1}{m} \sum_{i=1}^{m} b_i \right).$$

ここで等号は $a_1 = \cdots = a_m$，または $b_1 = \cdots = b_m$ のとき，かつそのときに限る．

証明 いずれの順序関係においても任意の i, j に対して

$$(a_i - a_j)(b_i - b_j) \geq 0.$$

それぞれの添え字で加え，次式を得る．

$$\sum_{i=1}^{m}\sum_{j=1}^{m}(a_i - a_j)(b_i - b_j) \geq 0$$

であり，これを展開して

$$\sum_{i=1}^{m}a_ib_i\sum_{j=1}^{m}(1) - \sum_{i=1}^{m}a_i\sum_{j=1}^{m}b_j - \sum_{j=1}^{m}a_j\sum_{i=1}^{m}b_i + \sum_{j=1}^{m}a_jb_j\sum_{i=1}^{m}(1) \geq 0$$

または

$$2m\sum_{i=1}^{m}a_ib_i - 2\sum_{i=1}^{m}a_i\sum_{i=1}^{m}b_i \geq 0.$$

よって結果が得られた．　　　　　　　　　　　　　　　　　　　□

[**例 3.3**]　　任意の i に対して $b_i = a_i$ とおくことで算術平均の平方の値は平方
の算術平均値を超えないことがわかる．

　関数に対して類似の不等式

$$\int_a^b f(x)g(x)dx \geq \frac{1}{b-a}\int_a^b f(x)dx\int_a^b g(x)dx$$

が得られる，ここで $[a,b]$ 上で $f(x)$ と $g(x)$ はそれぞれ増加であるか減少であ
るものとする．もし一方が増加で他方が減少の場合は不等号は逆向きをとるも
のとする．

3.9　イェンゼンの不等式

　関数 $f(x)$ が開区間上で凸であるための必要十分な条件は，任意の $x_1, x_2 \in (a,b)$，任意の $p \in (0,1)$ に対する次の不等式で与えられる．

$$f(px_1 + (1-p)x_2) \leq pf(x_1) + (1-p)f(x_2). \tag{3.20}$$

$x_1 \neq x_2$ に対して上の不等式で不等号が成立するとき，$f(x)$ は (a,b) 上で狭
義の凸であるという．任意の $x_p \in (x_1, x_2)$ に対し，ある $p \in (0,1)$ を用い
て $x_p = x_1 + (1-p)(x_2-x_1) = px_1 + (1-p)x_2$ とできることに注意する．
$(x_1, f(x_1))$ と $(x_2, f(x_2))$ を結ぶ線分は

$$f_s(x) = f(x_1) + \left[\frac{f(x_2) - f(x_1)}{x_2 - x_1} \right] (x - x_1)$$

や，あるいは $f_s(x) = pf(x_1) + (1-p)f(x_2)$ とも表現できる．ここで幾何学的な凸条件とは $f(x)$ のグラフの2点の結ぶ割線の下方に $f(x)$ のグラフが位置する条件と表現できる (図 3.2 参照)．

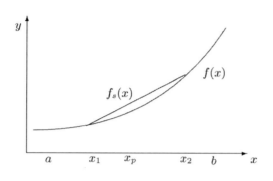

図 3.2　関数の凸性

　よく考えれば凸性と (a,b) 上での $f''(x) \geq 0$ なる条件との関係は自然に思える．実際にこの条件は (a,b) 上で2回連続微分可能な関数に対しては (3.20) と同値となる (演習 3.22 参照)．　他の凸性の定義を与えることができる．例として中点凸性は次のようになる．任意の点 $x_1, x_2 \in (a,b)$ に対して

$$f\left(\frac{x_1 + x_2}{2} \right) \leq \frac{f(x_1) + f(x_2)}{2}.$$

凸性の幾何的表現としては，任意の割線の中点が f のグラフ上，または f のグラフ上方にあることである．凸性に関するより詳しい記述は Mitrinovic[45] を参照のこと．凸関数に関する結果は次のものである．

定理 3.9 (イェンゼン (Jensen) の不等式)　(a,b) 上で $f(x)$ は凸である．$x_1, \cdots, x_m$ は (a,b) の m 個の点で，他に $c_1 + \cdots + c_m = 1$ をみたす非負数 $c_1, \cdots, c_m$ がある．このとき

$$f\left(\sum_{i=1}^{m} c_i x_i \right) \leq \sum_{i=1}^{m} c_i f(x_i) \tag{3.21}$$

である．さらに f が狭義の凸で，各 i に対して $c_i > 0$ のとき，等号の成立は $x_1 = \cdots = x_m$ であるとき，かつそのときに限り成立する．

証明 $c_m < 1$ の場合を最初に考える. 帰納法で証明する. $m = 2$ のとき f の凸性から (3.21) が成立する. $x_1 = x_2$ のときは明らかに (3.21) で等号が成立する. また, もし f が狭義の凸関数で各 $c_i > 0$ で (3.21) で等号が成立するとき $x_1 = x_2$ である. そうでないと

$$f(c_1 x_1 + c_2 x_2) < c_1 f(x_1) + c_2 f(x_2)$$

となり狭義の凸性に矛盾する. 次に $m = k$ に対して定理は真であり, 数 $c_1, \cdots, c_{k+1}$ の和は 1 であるとする (帰納法の仮定). このとき f の凸性から

$$f\left(\sum_{i=1}^{k+1} c_i x_i\right) = f\left((1 - c_{k+1})\sum_{i=1}^{k} \frac{c_i}{1 - c_{k+1}} x_i + c_{k+1} x_{k+1}\right)$$

$$\leq (1 - c_{k+1}) f\left(\sum_{i=1}^{k} \frac{c_i}{1 - c_{k+1}} x_i\right) + c_{k+1} f(x_{k+1}).$$

$c_i/(1 - c_{k+1}), 1 \leq i \leq k$ の和は 1 ゆえ次式を得る.

$$f\left(\sum_{i=1}^{k} \frac{c_i}{1 - c_{k+1}} x_i\right) \leq \frac{1}{1 - c_{k+1}} \sum_{i=1}^{k} c_i f(x_i). \tag{3.22}$$

((3.22) の上の式と (3.22) の双方より $m = k+1$ で) (3.21) が成立する. $x_1 = \cdots = x_{k+1}$ のとき (3.21) の成立は明らか. その逆について, $m = k+1$ のとき (3.21) の等号が成立し, f が狭義の凸, 各 $c_i > 0$ とする. このとき (3.22) の等号が成立する. さもなくば (3.21) で等号が不成立あるいは仮定と矛盾する. 定理は k に対して真ゆえ $x_1 = \cdots = x_k$. これを (3.21) に代入し, 次式を得る.

$$f\left(\left(\sum_{i=1}^{k} c_i\right) x_1 + c_{k+1} x_{k+1}\right) = \left(\sum_{i=1}^{k} c_i\right) f(x_1) + c_{k+1} f(x_{k+1}),$$

そこで, $m = 2$ のときの定理より $x_{k+1} = x_1$, よって帰納法は完成. 他の場合 $c_m = 1$ のときはもっと簡単で, このとき $c_1 = \cdots = c_{m-1} = 0$, (3.21) は単に $f(x_m) \leq f(x_m)$ で自明である.   □

[例 3.4] 関数 $f(x) = x^n, n \in \mathbf{N}$ は $(0, \infty)$ 上では凸で, よって任意の $x, y > 0$ に対して

$$\left(\frac{x + y}{2}\right)^n \leq \frac{x^n + y^n}{2}.$$

[例 3.5] $i = 1, \cdots, m$ に対して $c_i = 1/m$ とおいて，任意の凸の f に対して

$$f\left(\frac{1}{m}\sum_{i=1}^{m} x_i\right) \leq \frac{1}{m}\sum_{i=1}^{m} f(x_i).$$

f が「凹」であるとき（$-f$ が凸のとき），上の不等式に対応して次式が成立する．

$$f\left(\frac{1}{m}\sum_{i=1}^{m} x_i\right) \geq \frac{1}{m}\sum_{i=1}^{m} f(x_i).$$

よって $(0, \pi)$ 上の $f(x) = \sin x$ をとると，$0 < \theta_1 \leq \cdots \leq \theta_m < \pi$ に対して

$$\frac{1}{m}\sum_{i=1}^{m} \sin \theta_i \leq \sin\left(\frac{1}{m}\sum_{i=1}^{m} \theta_i\right). \tag{3.23}$$

実際に $(0, \pi)$ 上で $-\sin x$ は狭義の凸で，(3.21) の等号は $\theta_1 = \cdots = \theta_m$ のとき，かつそのときに限り成立する．応用として演習 3.21 を参照．

積分におけるイェンゼンの不等式は演習 3.24 で紹介する．

3.10 演習

3.1 ヤングの不等式の解析的な証明を与えよ．

3.2 $a, b, c, d > 0$ として次の事項を証明せよ．

(a) $a^2 + b^2 \geq 2ab$.
(b) $a^4 + b^4 \geq 2a^2b^2$.
(c) $a^2 + b^2 + c^2 \geq ab + bc + ca$.
(d) $a^4 + b^4 + c^4 + d^4 \geq 4abcd$.
(e) $(a + b)(b + c)(c + a) \geq 8abc$.

3.3 算術平均・幾何平均不等式を用い，

$$n! < \left(\frac{n+1}{2}\right)^n$$

を示せ．$n > 1$ が自然数のとき

$$(2n-1)!! < n^n \quad \text{と} \quad (n+1)^n > (2n)!!,$$

を示せ（[45] 参照）．ここで

$$(2n-1)!! = (2n-1)\cdot(2n-3)\cdot(2n-5)\cdots 5\cdot 3\cdot 1$$
$$(2n)!! = (2n)\cdot(2n-2)\cdot(2n-4)\cdots 4\cdot 2.$$

3.4 算術平均・幾何平均不等式の簡単な応用を与える：

(a) 与えられた面積をもつ長方形の内，正方形が最小の周長をもつことを示せ.

(b) 与えられた電荷 Q から電荷 q をとり，それぞれ電荷 q と $Q - q$ をもつ帯電体をつくる．2 帯電体を一定の距離に保つときの反発力を最大にする電荷 q を定めよ.

3.5 n に関する帰納法で重み付き算術平均・幾何平均の不等式を証明せよ.

3.6 N 個の正数の積が 1 であるとき，その正数の和は N より小にならないことを証明せよ.

3.7 $(1 - n^{-1})^n$ は単調増加であることを示せ.

3.8 $a_1, \cdots, a_N$ はその和が 1 の正数，m を正の整数とする．このとき

$$\sum_{n=1}^{N} a_n^{-m} \geq N^{m+1}.$$

3.9 $n \in \mathbf{N}$, $x_1, \cdots, x_n$, $\delta_1, \cdots, \delta_n$ は正数でさらに $\delta_1 + \cdots + \delta_n = 1$ とする．任意の実数 $t \neq 0$ に対して $g(t) = \left(\sum_{i=1}^{n} \delta_i x_i^t \right)^{1/t}$ とおく.

(a) $t \to 0$ のとき $g(t) \to \prod_{i=1}^{n} x_i^{\delta_i}$ を示せ．そこで $g(0) = \prod_{i=1}^{n} x_i^{\delta_i}$ とおくことができる.

(b) g が単調増加であることを示せ．最初のヒント：対数をとれ．またロピタルの単調規則を $(0, \infty)$ と $(-\infty, 0)$ 上で適用せよ.

(c) $g(-1) \leq g(0) \leq g(1)$ から次式を導け.

$$\left(\sum_{i=1}^{n} \delta_i / x_i \right)^{-1} \leq \prod_{i=1}^{n} x_i^{\delta_i} \leq \sum_{i=1}^{n} \delta_i x_i$$

(重み付きの算術平均・幾何平均・調和平均の不等式)

3.10 $f(x) \in C[a, b]$, $[a, b]$ 上 $f(x) > 0$ である．次式を証明せよ.

$$\frac{b - a}{\int_a^b (1/f(x)) dx} \leq \exp \left[\frac{1}{b - a} \int_a^b \ln f(x) dx \right] \leq \frac{1}{b - a} \int_a^b f(x) dx.$$

これは積分に関する算術平均・幾何平均・調和平均の不等式である.

3.11 $n \in \mathbf{N}$, $x_1, \cdots, x_n$ は正数とする．$(0, \infty)$ 上で $h(t) = \left(\sum_{i=1}^{n} x_i^t \right)^{1/t}$ とおく. h が単調減少であることを示せ.

3.12 m 個の数 $0 < a_1 < \cdots < a_m$ と和が 1 である m 個の正数 λ_i に対してカントロビッチ (Kantorovich) の不等式

$$\left(\sum_{i=1}^{m} \lambda_i a_i\right)\left(\sum_{i=1}^{m} \frac{\lambda_i}{a_i}\right) \leq \left(\frac{A}{G}\right)^2$$

が成立する．ここで $A = (a_1 + a_m)/2, G = \sqrt{a_1 a_m}$.

3.13　p, q は正数とし $p^{-1} + q^{-1} = 1$ である．$a_1, \cdots, a_m$ は零でない数である．$i = 1, \cdots, m$ に対し $b_i = c|a_i|^{p-1}$ とおく．$i = 1, \cdots, m$ に対し

$$\frac{|a_i|^p}{\sum_{i=1}^{m} |a_i|^p} = \frac{|b_i|^q}{\sum_{i=1}^{m} |b_i|^q} \tag{3.24}$$

を示せ．このとき定理 3.5 から等号がヘルダーの不等式で成立する．これを直接の代入で確かめよ．逆に (3.24) から $c > 0$ が存在して $i = 1, \cdots, m$ に対し

$$|b_i| = c|a_i|^{p-1} \tag{3.25}$$

が成立することを示せ．これよりヘルダーの不等式において等号の成立条件は (3.25) とわかる．

3.14　(3.11) を正当化せよ．

3.15　$[a, b]$ 上で $f(x)$ が自乗可積分であるとは次式が成り立つことをいう．

$$\int_a^b |f(x)|^2 dx < \infty.$$

そこで (2 個の) 自乗可積分関数の和は自乗可積分であることを示せ．

3.16　$h(x) \geq 0$ のとき次式を示せ．

$$\left|\int_a^b f(x)g(x)h(x)dx\right|^2 \leq \int_a^b f^2(x)h(x)dx \int_a^b g^2(x)h(x)dx.$$

3.17　粒子が直線上を速度 v で運動している．v の時間平均は v の空間平均を超えないことを示せ．

$$\frac{1}{T}\int_0^T v(t)dt \leq \frac{1}{X}\int_0^X v(x)dx.$$

どんな条件の下で等号が成立するか．

3.18　$i = 1, \cdots, n$ に対して $c_i > 0$ である．このとき

$$n^2 \leq \left(\sum_{i=1}^{n} c_i\right)\left(\sum_{i=1}^{n} \frac{1}{c_i}\right).$$

3.19　積分に関するチェビシェフの不等式を用いて次式を導け．ここで $f(x)$ は $[a, b]$ 上で単調であるものとする．

$$\int_a^b |f(x)|^2 dx \ge \frac{1}{b-a} \left(\int_a^b f(x)dx \right)^2$$

かつ

$$\int_a^b f(x)dx \int_a^b \frac{dx}{f(x)} \ge (b-a)^2.$$

3.20   有限個の凸関数の和は凸である.

3.21   一定の半径の円に内接する N 角形の内,正 N 角形の面積は最大であることを証明せよ.

3.22   条件

$$(1-p)(x_2-x_1)^2 \int_0^1 \int_{(1-p)s}^s f''(x_1+(x_2-x_1)t)dtds \ge 0$$

は 2 回連続微分可能な関数 f の凸条件 (3.20) に同値であることを示せ.この根拠からこれらの関数に対して $f''(x) \ge 0$ が凸であるための必要十分条件であることを示せ.

3.23 $f(x) = -\ln x, x > 0$ に対してイェンゼンの不等式を用いて重み付き算術平均・幾何平均不等式を導け.

3.24 $a \le t \le b$ に対して $g(t)$ と $p(t)$ は連続でさらに $\alpha \le g(t) \le \beta$ かつ $p(t) > 0$,$f(u)$ は区間 $\alpha \le u \le \beta$ 上で連続かつ凸であるとする.次式を示せ.

$$f\left(\frac{\int_a^b g(t)p(t)dt}{\int_a^b p(t)dt} \right) \le \frac{\int_a^b f(g(t))p(t)dt}{\int_a^b p(t)dt}.$$

これを積分に関するイェンゼンの不等式 と呼ぶ.

第4章

抽象空間における不等式

4.1 はじめに

　抽象空間での作業を通して一般性が獲得される．例えば収束や連続に関する話題の本質的部分は距離空間の事項として学べる．物理的興味で問題の解を求める際，線形空間の中から解を探す必要がしばしばある．また不等式は抽象空間の基本的構造を定めており，これらをこの章で学ぶ．このため関数解析学の幾つかの事項を導入する．これらは広く深く学ぶ必要はなく，抽象的設定で一連の不等式を学び，先に学んだ多くの事項が統一されて扱えることを知るだけで十分である．応用を扱う章に進む前に以上の事柄を経験する．

4.2 距離空間

　M は空でない集合である．各 $x, y \in M$ に対して $d(x, y)$ は次の条件をみたす実数値関数である．

M1.　$d(x, y) = 0$ のとき，かつそのときに限り $x = y$.
M2.　$d(x, y) = d(y, x)$.
M3.　任意の $x, y, z \in M$ に対して $d(x, y) \leq d(x, z) + d(z, y)$.

　d との組み合わせで M を考えたとき M を「距離空間」と呼び，d を M 上の距離または計量と呼ぶ．既に馴染みの三角不等式の抽象的設定は条件 M3 で与えられる．M3 において $y = x$ とし，他の2条件を用い $2d(x, z) \geq 0$ が得られ，距離は常に負値でない．M2 により距離は対称で，これらの事柄は我々が期待する距離概念を反映している．

[例 4.1]　**R** と **C** はそれぞれ通常の距離

$$d(x,y) = |x - y|$$

で距離空間である．さらに一般的に **R** と **C** の長さ n の順列の全体でそれぞれ
つくられる $\mathbf{R}^n$ と $\mathbf{C}^n$ はいずれも距離空間である．$[a,b]$ 上で定義された連続な
実数値関数全体 $C[a,b]$ は次式で定義された距離により距離空間である．

$$d(f,g) = \max_{x \in [a,b]} |f(x) - g(x)|. \tag{4.1}$$

$d(f,g)$ の距離の条件を検証しよう．$d(f,g) = 0$ のとき，かつそのときに限り
任意の $x \in [a,b]$ に対して $|f(x) - g(x)| = 0$，よって M1 がみたされる．条件
M2 は明らかにみたされる．M3 に対して

$$|f(x) - g(x)| = |f(x) - h(x) + h(x) - g(x)| \le |f(x) - h(x)| + |h(x) - g(x)|$$

となり，次式が得られる．

$$\max_{x \in [a,b]} |f(x) - g(x)| \le \max_{x \in [a,b]} |f(x) - h(x)| + \max_{x \in [a,b]} |h(x) - g(x)|.$$

$\mathbf{R}^n$ と $\mathbf{C}^n$ における距離はそれぞれ

$$d(x,y) = \sqrt{(x_1 - y_1)^2 + \cdots + (x_n - y_n)^2}$$

と

$$d(z,w) = \sqrt{|z_1 - w_1|^2 + \cdots + |z_n - w_n|^2}$$

で与えられる．

　ここで距離空間について学習上重要な定義を幾つか与える．M における x_0
の「ε-近傍」を次式で与える．

$$N_\varepsilon(x_0) = \{x \in M \mid d(x,x_0) < \varepsilon\}.$$

これは **R** における開区間の定義の直接の拡張である (例 1.3)．集合 S が M に
おいて「開いている」，または「開集合である」とは，任意の $x_0 \in S$ に対して
$\varepsilon > 0$ が存在して $N_\varepsilon(x_0) \subset S$ が成立することである．M におけるその補集
合が開集合であるとき，集合 S は「閉じている」，または「閉集合である」と
呼ぶ．点 $z \in M$ が集合 S の「集積点」であるとは，z の任意の ε-近傍が z と
異なる S の点を少なくも 1 点含むことである．S が閉集合であるための必要
十分条件は，集合 S が S の全ての集積点を含むことである．点列 $\{x_n\}$ が「極
限」x に「収束する」とは，任意の $\varepsilon > 0$ に対して N が存在し，$n > N$ である

限り $d(x_n, x) < \varepsilon$ が成立することである．数列 $\{x_n\}$ が「コーシー (Cauchy) 列」であるとは，任意の $\varepsilon > 0$ に対して N が存在し，$m, n > N$ である限り $d(x_n, x_m) < \varepsilon$ が成立することである．

定理 4.1　$\{x_n\}$ が収束するとき，点列はコーシー列である．

　　証明　$x_n \to x$ とする．三角不等式から十分大なる m, n に対して

$$d(x_m, x_n) \leq d(x_m, x) + d(x, x_n) < \varepsilon/2 + \varepsilon/2 = \varepsilon. \qquad \square$$

　定理 4.1 の逆は真でない．そこで M の任意のコーシー列が M の点に収束する場合に，距離空間 M は「完備」であるという．

[例 4.2]　例 4.1 で定義された距離 d をもつ空間 $M = C[a, b]$ を考える．このとき M は完備である．実際に $\{f_n\}$ を M におけるコーシー列とする．任意の $x \in [a, b]$ を固定するとき $\{f_n(x)\}$ は $\mathbf{R}$ におけるコーシー列である．よって ($\mathbf{R}$ は完備ゆえ) 極限が存在し，これを $\phi(x)$ で示す．$x_1 \in [a, b]$ で関数 ϕ が連続であることを示すため「$\varepsilon/3$-論法」を用いる．実際に $x_2 \in [a, b]$ に対して

$$|\phi(x_1) - \phi(x_2)| \leq |\phi(x_1) - f_n(x_1)| + |f_n(x_1) - f_n(x_2)| + |f_n(x_2) - \phi(x_2)|.$$

右辺第 1 項と第 3 項は十分大なる n を選んで $\varepsilon/3$ より小にできる．このとき x_1, x_2 に独立に n を選び固定できる．x_2 を x_1 に十分近くとり，中間の項は $\varepsilon/3$ より小さくできる．

　さらに K を固定すれば，次の集合も

$$\{f \in C[a, b] \mid |f(x)| \leq K, \quad 任意の\ x \in [a, b]\}$$

も完備距離空間である．これは上記の議論と補題 1.1 からわかる．

　次に M_1 と M_2 はそれぞれ距離 d_1 と d_2 に関する距離空間であり，$F : M_1 \to M_2$ は M_1 から M_2 への写像 (関数) であるとする．また $F : M \to M$ のとき，F は M 上の写像 (関数) であるという．$x_0 \in M_1$ で写像 $F : M_1 \to M_2$ が連続であるとは，任意の $\varepsilon > 0$ に対して $\delta > 0$ が存在して，$d_1(x_0, x) < \delta$ である限り $d_2(F(x_0), F(x)) < \varepsilon$ が成立することである．

補題 4.1 (符号の保存)　M は距離空間で，$f : M \to \mathbf{R}$ は x_0 で連続かつ $f(x_0) > 0$ である．このとき $\delta > 0$ が存在して $d(x_0, x) < \delta$ である限り $f(x) > 0$ である．

証明　補題 2.2 の証明を修正して証明できる．証明は読者にまかせたい．　□

定理 2.1 で注意した **R** における連続性と収束性の相互の関係は一般の距離空間に拡張できる．

定理 4.2　写像 $F : M_1 \to M_2$ が $x_0 \in M_1$ で連続であるとき，かつそのときに限り $x_n \to x_0$ に対して $F(x_n) \to F(x_0)$ である．

証明　定理 2.1 の証明の必要な修正は読者にまかせたい．　□

F は M 上の写像である．F が M 上の「縮小写像」であるとは $\alpha \in [0,1)$ が存在して，$x_1, x_2 \in M$ に対して次式が成立することをいう．

$$d(F(x_1), F(x_2)) \leq \alpha d(x_1, x_2). \tag{4.2}$$

y が F の「不動点」であるとは $F(y) = y$ が成立することをいう．

4.3　距離空間における反復

反復手続きは F の不動点を定める，または方程式 $y = F(y)$ を解くための方法である．これは

$$y_{n+1} = F(y_n)$$

$n = 0, 1, 2, \cdots$ なる逐次反復近似により求めたい点を得る方法である．この方法で点列をつくることを「ピカール (Picard) 反復」と呼ぶ．F が縮小写像のとき (4.2) の反復適用で $n \in \mathbf{N}$ に対して次式を得る．

$$d(y_{n+1}, y_n) \leq \alpha^n d(y_1, y_0).$$

$0 \leq \alpha < 1$ ゆえ，逐次近似点列 $y_0, y_1, y_2, \cdots$ は距離空間内で速さ α^n のオーダで収束する．

F が縮小写像のとき F が M 上連続であることを読者は (ε-δ 論法で $\varepsilon = \delta$ とおいて) 証明できる．次は数学で最も重要な定理の一つである．

定理 4.3 (バナッハ (Banach) の縮小写像定理)　M は完備距離空間であり，$F : M \to M$ は縮小である．このとき F は一意に定まる不動点をもつ．

証明　任意の $y_0 \in M$ なる初期点を選ぶ．上述のように任意の m に対して $y_{m+1} = F(y_m)$ とおく．$m > n$ に対して

$$d(y_m, y_n) \le d(y_m, y_{m-1}) + d(y_{m-1}, y_{m-2}) + \cdots + d(y_{n+2}, y_{n+1}) + d(y_{n+1}, y_n)$$

よって

$$d(y_m, y_n) \le (\alpha^{m-1} + \alpha^{m-2} + \cdots + \alpha^{n+1} + \alpha^n) d(y_1, y_0)$$

$$= \alpha^n (1 + \alpha + \cdots + \alpha^{m-n-2} + \alpha^{m-n-1}) d(y_1, y_0)$$

$$\le \left(\frac{\alpha^n}{1-\alpha}\right) d(y_1, y_0).$$

$\alpha^n/(1-\alpha)$ は n を十分大にすることで幾らでも小にできる. そこで $\{y_m\}$ はコーシー列であり, 点 $Y \in M$ が存在して $m \to \infty$ のとき $y_m \to Y$. F の連続性から

$$Y = \lim_{m \to \infty} F(y_m) = F\left(\lim_{m \to \infty} y_m\right) = F(Y)$$

となり不動点の存在が示された. 一意性に関しては $Y = F(Y)$ と $Z = F(Z)$ を仮定するとき

$$d(Y, Z) = d[F(Y), d(Z)] \le \alpha d(Y, Z).$$

しかし $\alpha < 1$ から $d(Y, Z) = 0$ である. 一意性が示された. □

第 5 章で縮小写像定理の幾つかの応用を考える.

4.4 線形空間

「体」[*1] F 上の線形空間 (ベクトル空間) は「ベクトル」と呼ばれる要素 (または元) の集合 X であり, それらの要素の間に次の公理をみたすベクトル和 $+$ とスカラー倍なる 2 個の演算がある.

1. X は 2 個の演算で閉じている. すなわち, $x, y \in X$ と $\alpha \in F$ である限り $x + y \in X$ と $\alpha x \in X$ となる.
2. 加法は可換であり[*2], かつ結合則をみたす[*3].
3. 加法的単位元 (零ベクトル) が X の中にある. 任意の $x \in X$ に対して加法的逆元 $-x \in X$ が存在する.

[*1] 訳注 : 加法 $+$, 減法 $-$, 乗法 $\cdot$ が常に可能, さらに 0 でない数による除法も可能な数集合 (1.2 節の訳注参照).
[*2] 訳注 : $x + y = y + x$.
[*3] 訳注 : $(x + y) + z = x + (y + z)$.

4.　$x, y \in X$ と $\alpha, \beta \in F$ のとき
- (a)　$\alpha(x + y) = \alpha x + \alpha y$.
- (b)　$(\alpha + \beta)x = \alpha x + \beta x$.
- (c)　$(\alpha\beta)x = \alpha(\beta x)$.
- (d)　$1x = x$.

スカラーである体 F が $\mathbf{R}$ であるとき，X を実線形空間と呼び，$F = \mathbf{C}$ のとき X は複素線形空間と呼ばれる.

[例 4.3]　$\mathbf{R}^n$ と $\mathbf{C}^n$ は線形空間である. $[a, b]$ 上の全実数値連続関数空間も線形空間である.

　線形空間の学習において次の事柄や概念は重要である. M が X の空でない部分集合であるとき，M が X の「部分空間」であるとは M 自体が X における加法とスカラー倍なる演算の下で線形空間になることをいう. $\alpha_1, \cdots, \alpha_n \in F$ に対して，$\alpha_1 x_1 + \cdots + \alpha_n x_n$ なる形のベクトルをベクトル $x_1, \cdots, x_n$ の「線形結合」と呼ぶ. 全てが零ではない $\alpha_1, \cdots, \alpha_n \in F$ が存在して $\alpha_1 x_1 + \cdots + \alpha_n x_n = 0$ であるとき，ベクトル集合 $\{x_1, \cdots, x_n\}$ を「一次従属」であるという. 一次従属でないベクトル集合を「一次独立」であるという. X の任意のベクトル x が集合 S に属するベクトルの線形結合で書けるとき，S を X の「生成系」と呼ぶ. 一次独立な生成系を X の「基底」と呼ぼう. 有限個のベクトルからなる生成系をもつベクトル空間 (すなわち，「有限次元空間」[*1]) は常に基底をもつ. 任意の基底は同じ個数のベクトルから構成されており，この個数を空間の「次元」と呼ぼう. 空間 X の次元が n のとき，n 個からなる一次独立なベクトルの集合は X の基底となる.

　これまでのところ，物理学で現れるベクトルが通常もつ「大きさ」と「方向」について述べなかった. 線形空間に「大きさ」を導入するためにベクトルのノルムを定義する.「ノルム」はそれぞれの $x \in X$ に割り当てられた実数値関数 $\|x\|$ で，次の条件をみたす.

N1.　$\|x\| \geq 0$, さらに $x = 0$ のとき, かつそのときに限り $\|x\| = 0$.

N2.　$\|\alpha x\| = |\alpha| \|x\|$.

N3.　$\|x + y\| \leq \|x\| + \|y\|$.

[*1] 訳注：有限次元空間以外の空間，すなわち，「無限次元空間」も存在する. 例 4.4 参照.

[**例 4.4**] $\mathbf{R}^n$ での (ユークリッド) ノルムは次式で定義する.

$$\|x\| = \sqrt{x_1^2 + \cdots + x_n^2}.$$

「関数空間」は無限次元線形空間の例である. 関数空間に通例登場するノルムは最大値ノルム

$$\|f\| = \max_{x \in [a,b]} |f(x)|$$

と次の L^2 ノルムである.

$$\|f\| = \left(\int_a^b |f(x)|^2 dx \right)^{1/2}.$$

ノルムの選択に応じてそれぞれに対応する関数空間は $\|f\| < \infty$ をみたす f の集合として定まる.

X をノルム空間 (ノルムが定義された線形空間) とするとき次の結果を得る.

定理 4.4 (三角不等式) x, y はノルム空間のベクトルであるとする. このとき

$$\big| \|x\| - \|y\| \big| \leq \|x - y\| \leq \|x\| + \|y\|. \tag{4.3}$$

証明 N3 で x を $x - y$ とおくとき, 次式を得る.

$$\|x\| - \|y\| \leq \|x - y\|.$$

x と y を交換して N2 を用いると

$$\|y\| - \|x\| \leq \|y - x\| = \|(-1)(x - y)\| = \|x - y\|.$$

そこで $\big| \|x\| - \|y\| \big| \leq \|y - x\|$ である. N3 をもう 1 回用いて望む不等式を得る.
□

ノルム空間で任意のベクトル間の距離を計測する必要がしばしば生ずる. そこで次式で 2 ベクトル間の距離を導入する.

$$d(x, y) = \|x - y\|.$$

これでノルム空間が距離空間となり, コーシー列, 収束や完備を含む先の議論が適用できる. 次の定理は応用において有用である.

定理 4.5   ノルム空間で任意のコーシー列は有界である.

証明 $\{x_n\}$ がコーシー列とすれば, $\varepsilon = 1$ としたとき N が存在し, $n, m > N$ に対して $\|x_n - x_m\| < 1$ をみたす. $m = N + 1$ とおくと $n > N$ のとき $\|x_n - x_{N+1}\| < 1$ である. 任意の $n > N$ に対して

$$\|x_n\| = \|x_n - x_{N+1} + x_{N+1}\| \leq \|x_n - x_{N+1}\| + \|x_{N+1}\| < \|x_{N+1}\| + 1.$$

そこで $\|x_n\|$ の上界は次式で与えられる.

$$B = \max\{\|x_1\|, \cdots, \|x_N\|, \|x_{N+1}\| + 1\}. \qquad \square$$

角 (したがってベクトルの方向) の概念を線形空間に導入するため, 内積を考える. 実線形空間の内積とは任意のベクトル対 x, y に実数 $\langle x, y \rangle$ を割り当て, 次の条件を仮定する.

I1. $\langle x, y \rangle = \langle y, x \rangle$.

I2. $\langle \alpha x, y \rangle = \alpha \langle y, x \rangle$.

I3. $\langle x + y, z \rangle = \langle x, z \rangle + \langle y, z \rangle$.

I4. $\langle x, x \rangle \geq 0$, さらに $x = 0$ のとき, かつそのときに限り $\langle x, x \rangle = 0$ である.

複素線形空間に内積を定義するには上記で $\langle x, y \rangle \in \mathbf{C}$ とし, I1 を次のように修正する.

I1. $\langle x, y \rangle = \overline{\langle y, x \rangle}$.

内積をもつ線形空間を「内積空間」と呼ぶ.

[例 4.5] $\mathbf{R}^n$ と $\mathbf{C}^n$ における内積をそれぞれ次式で与える.

$$\langle x, y \rangle = \sum_{i=1}^{n} x_i y_i, \quad \langle x, y \rangle = \sum_{i=1}^{n} x_i \bar{y}_i.$$

関数空間に対しては次の内積がしばしば用いられる.

$$\langle f(x), g(x) \rangle = \int_a^b f(x) \overline{g}(x) dx.$$

(ここでは測度論とルベーグ (Lebesgue) 積分についての技術的ポイントには触れない. さらなる取り扱い方については Oden[47] を参照のこと.)

線形空間における内積に対して極めて重要な不等式をみていこう.

定理 4.6 (コーシー・シュワルツ (Cauchy-Schwarz) の不等式[*1])　x, y は複素線形空間のベクトルである．このとき

$$|\langle x, y \rangle| \leq \sqrt{\langle x, x \rangle \langle y, y \rangle} \tag{4.4}$$

であり，等号はスカラー β が存在して $x = \beta y$ であるとき，かつそのときに限り成立する．さらに $y \neq 0$ かつ等号の場合，$\langle x, y \rangle = \langle \beta y, y \rangle = \beta \langle y, y \rangle$，よって $\beta = \langle x, y \rangle / \langle y, y \rangle$ である．そこで等号は，$x = 0$, $y = 0$ または $x = (\langle x, y \rangle / \langle y, y \rangle) y$ のとき，かつそのときに限り成り立つ．

証明　条件 I4 により任意のスカラー α に対して不等式 $0 \leq \langle x + \alpha y, x + \alpha y \rangle$ が成立する．さらに $x = -\alpha y = \beta y$ のとき，かつそのときに限り等号が成立する．他の内積条件を用いてこの不等式を変形し，次の同値な式を得る．

$$0 \leq \langle x, x \rangle + \overline{\alpha} \langle x, y \rangle + \alpha \overline{\langle x, y \rangle} + \alpha \overline{\alpha} \langle y, y \rangle.$$

簡略に $a = \langle x, x \rangle$, $b = \langle x, y \rangle$, $c = \langle y, y \rangle$ とおいて次式を得る．

$$0 \leq |\alpha|^2 c + 2\mathcal{R}[\alpha \overline{b}] + a.$$

a と c は実数かつ非負数であることに注意する．$c \neq 0$ のとき $\alpha = -b/c$ とおき，求める $|b|^2 \leq ac$ が得られる．$c = 0$ で $a \neq 0$ のとき a, b, c の定義で x と y を交換して同じ結果を得る．c と a が双方零のとき I4 により x と y 双方は零であり，コーシー・シュワルツの不等式は自明な結果として成立する．　　□

[例 4.6]　例 4.5 のさまざまな内積にコーシー・シュワルツの不等式を適用して次の具体的な不等式を得る．

$$\left| \sum_{i=1}^{n} x_i y_i \right| \leq \sqrt{\sum_{i=1}^{n} x_i^2 \sum_{i=1}^{n} y_i^2}, \qquad \left| \sum_{i=1}^{n} x_i \overline{y_i} \right| \leq \sqrt{\sum_{i=1}^{n} |x_i|^2 \sum_{i=1}^{n} |y_i|^2},$$

$$\left| \int_a^b f(x) \overline{g(x)} dx \right| \leq \sqrt{\int_a^b |f(x)|^2 dx \int_a^b |g(x)|^2 dx}.$$

上の三つの不等式の導出を振り返れば，抽象的方法により努力が大幅に節約されてまたその結果が強力なことに気が付く．

[*1] 先の定理 3.7(コーシー・シュワルツの不等式) と区別するには「内積空間におけるコーシー・シュワルツの不等式」と呼ぶほうが適切だが，文脈から明らかなので特に断らない．

実線形空間の任意のベクトル x, y に対してコーシー・シュワルツの不等式から次のように書ける.

$$\langle x, y \rangle^2 \leq \langle x, x \rangle \langle y, y \rangle. \tag{4.5}$$

定理 4.7 (ミンコフスキー (Minkowski) の不等式[*1])　ベクトル x, y は内積空間の要素であるとする. このとき

$$\sqrt{\langle x + y, x + y \rangle} \leq \sqrt{\langle x, x \rangle} + \sqrt{\langle y, y \rangle}. \tag{4.6}$$

証明

$$\begin{aligned}
\langle x + y, x + y \rangle &= \langle x, x \rangle + 2\mathcal{R}\langle x, y \rangle + \langle y, y \rangle \\
&\leq \langle x, x \rangle + 2|\langle x, y \rangle| + \langle y, y \rangle \\
&\leq \langle x, x \rangle + 2\sqrt{\langle x, x \rangle \langle y, y \rangle} + \langle y, y \rangle \\
&= \left(\sqrt{\langle x, x \rangle} + \sqrt{\langle y, y \rangle} \right)^2. \qquad \square
\end{aligned}$$

演習 4.8 で等号条件を考える.

コーシー・シュワルツの不等式は, 三角不等式が距離を一般化する際に力を発揮し, 一般化された角とミンコフスキーの不等式を通して一般化された距離にも関係していることがわかる. ノルムが内積により次式で「導入」される.

$$\|x\| = \sqrt{\langle x, x \rangle}. \tag{4.7}$$

コーシー・シュワルツの不等式とミンコフスキーの不等式はそれぞれ下記のように書ける.

$$|\langle x, y \rangle| \leq \|x\| \|y\|, \qquad \|x + y\| \leq \|x\| + \|y\|.$$

この場合は次の結果を得る.

定理 4.8 (平行四辺形則)　ノルムが内積で導入されている線形空間のベクトル x, y に対して次式が成立する.

$$\|x + y\|^2 + \|x - y\|^2 = 2\|x\|^2 + 2\|y\|^2.$$

証明　これは $\langle x + y, x + y \rangle + \langle x - y, x - y \rangle$ なる量を内積の基本条件を用い, 直接展開し変形して得られる. $\qquad \square$

[*1] 先の定理 3.6(ミンコフスキーの不等式) と区別するには「内積空間におけるミンコフスキーの不等式」と呼ぶほうが適切だが, 文脈から明らかなので特に断らない.

$\mathbf{R}^2$ においてベクトル x, y は平行四辺形の隣り合う辺を示し，$x+y, x-y$ は対角線を表現していることに注意する．

ノルムが与えるものに収束や完備性の概念がある．「ヒルベルト (Hilbert) 空間」とは内積が定義された完備な線形空間である．次の 2 事項は応用において効用を発揮する．

定理 4.9 (内積の連続性)　内積によりノルムが導入されているとき，$x_n \to x$, $y_n \to y$ であれば $\langle x_n, y_n \rangle \to \langle x, y \rangle$ である．

証明　三角不等式とコーシー・シュワルツの不等式を用いる：

$$|\langle x_n, y_n \rangle - \langle x, y \rangle| = |\langle x_n, y_n \rangle - \langle x_n, y \rangle + \langle x_n, y \rangle - \langle x, y \rangle|$$
$$= |\langle x_n, y_n - y \rangle + \langle x_n - x, y \rangle|$$
$$\leq |\langle x_n, y_n - y \rangle| + |\langle x_n - x, y \rangle|$$
$$\leq \|x_n\|\|y_n - y\| + \|x_n - x\|\|y\|.$$

$\{x_n\}$ は収束するから有界で，定数 B が存在して $\|x_n\| \leq B$ となる．他の n-依存量は，n を十分大きくすることで必要なだけ小さくできる．　　　　□

系 4.9.1 (ノルムの連続性)　内積によりノルムが導入されているとき，$x_n \to x$ であれば $\|x_n\| \to \|x\|$ である．

角の概念は直交性の一般化を与える．二つのベクトル x, y が直交しているとは，$\langle x, y \rangle = 0$ が成立することである．任意の $i, j > 0, i \neq j$ に対して $\langle x_i, x_j \rangle = 0$ のとき，$\{x_1, x_2, \cdots\}$ は「直交集合」であるという．任意の i に対して $\|x_i\| = 1$ のとき直交集合は「正規直交集合」であるという．零ベクトルでない，有限個の，互いに直交するベクトル集合は一次独立であることが示せる．グラム・シュミット (Gram-Schmidt) 法なるアルゴリズムで一次独立なベクトル集合から互いに直交するベクトル集合を構成できる．内積と直交性の定義から次の簡単で有用な定理が直接的に得られる：

定理 4.10 (ピタゴラス (Pythagoras) の定理)　ベクトル x と y が直交しているとき

$$\|x + y\|^2 = \|x\|^2 + \|y\|^2.$$

4.5　直交射影とベクトルの展開

　ヒルベルト空間 H の与えられたベクトル x と H の閉部分空間 M から，$(m \in M$ の中で $\|x - m\|$ が最小化されるという意味で) 最適手続きにより x に「最も近い」ベクトル $m_0 \in M$ を求めよう．このベクトル m_0 は「最小化」ベクトルとして知られている．M が閉じているとき $m_0 \in M$ の存在と一意性を確立しよう．

　最初与えられた x に対応して $m_0 \in M$ が存在し，任意の $m \in M$ に対して次式をみたすことを示す．

$$\|x - m\| \geq \|x - m_0\|.$$

$x \in H$ が与えられたとする．これが $x \in M$ のとき単に $m_0 = x$ とおけばよい．$x \notin M$ とする．このとき

$$\delta = \inf_{m \in M} \|x - m\|.$$

任意の $m_i, m_j \in M$ に対して

$$\|m_j - m_i\|^2 = \|(m_j - x) + (x - m_i)\|^2$$

に注意し，定理 4.8 から次式を得る．

$$\|(m_j - x) + (x - m_i)\|^2 + \|(m_j - x) - (x - m_i)\|^2 = 2\|x - m_j\|^2 + 2\|x - m_i\|^2.$$

そこで

$$\|m_j - m_i\|^2 = 2\|x - m_j\|^2 + 2\|x - m_i\|^2 - 4\left\|x - \frac{m_i + m_j}{2}\right\|^2$$

$$\leq 2\|x - m_j\|^2 + 2\|x - m_i\|^2 - 4\delta^2. \tag{4.8}$$

δ の定義と M が部分空間であり，ベクトル $(m_i + m_j)/2$ を含むことから上の不等式が得られる．$\{m_i\}$ は $\|x - m_i\| \to \delta$ なる M の点列であることに注意せよ．$i, j \to \infty$ とし，挟み撃ちの原理から $\|m_i - m_j\| \to 0$，よって $\{m_i\}$ は $M($よって $H)$ のコーシー列である．$\{m_i\}$ は M のコーシー列であることおよび M が閉じているので，$\{m_i\}$ は点 $m_0 \in M$ に収束する．ノルムの連続性から $\|x - m_0\| = \delta$．最小化ベクトルは一意である．というのは $m_{01}, m_{02} \in M$ が 2 個の最小化ベクトルのとき，(4.8) において $m_i = m_{01}, m_j = m_{02}$ とおき，

$$\|m_{02} - m_{01}\|^2 \leq 2\|x - m_{02}\|^2 + 2\|x - m_{01}\|^2 - 4\delta^2$$

$$\leq 2\delta^2 + 2\delta^2 - 4\delta^2 = 0,$$

よって $m_{01} = m_{02}$ である.

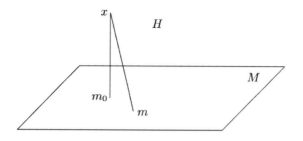

図 4.1 最小化ベクトル

「最良近似」なる直観的観点からわかるように (図 4.5),「誤差ベクトル」 $m_0 - x$ が任意の $x \in M$ に直交するとき,かつそのときに限り m_0 が一意的に定まる最小化ベクトルである.実際,$m_0 - x$ に直交しない $m \in M$ が存在するとせよ.(必要な場合 m をノルム $\|m\|$ で割り) m を単位ベクトルと仮定できる.m に沿い,m_0 から $m_0 - x$ の成分を引いて,x により近い M のベクトルをつくることができる:$\langle m_0 - x, m \rangle = \alpha \neq 0$. ベクトル $m_0 - \alpha m$ は次式をみたす.

$$\begin{aligned}
\|x - (m_0 - \alpha m)\|^2 &= \langle (x - m_0) + \alpha m, (x - m_0) + \alpha m \rangle \\
&= \langle x - m_0, x - m_0 \rangle + \langle \alpha m, x - m_0 \rangle \\
&\quad + \langle x - m_0, \alpha m \rangle + \langle \alpha m, \alpha m \rangle \\
&= \|x - m_0\|^2 + 2\mathcal{R}(\langle \alpha m, x - m_0 \rangle) + |\alpha|^2 \|m\|^2 \\
&= \|x - m_0\|^2 - 2|\alpha|^2 + |\alpha|^2 \\
&= \|x - m_0\|^2 - |\alpha|^2 \\
&< \|x - m_0\|^2. \tag{4.9}
\end{aligned}$$

$\|x - (m_0 - \alpha m)\| < \|x - m_0\|$ ゆえ,m_0 は最小化ベクトルでなく,矛盾である.任意の $m \in M$ に対する $x - m_0$ の直交性は m_0 の一意性に対して十分条件である,というのは

$$\|x - m\|^2 = \|x - m_0 + m_0 - m\|^2 = \|x - m_0\|^2 + \|m_0 - m\|^2,$$

よって,$m = m_0$ でなければ $\|x - m\| > \|x - m_0\|$ である.

抽象空間はフーリエ (Fourier) 級数展開への簡便な見方を提供する.ヒルベルト空間の任意のベクトルを f とし,$\{x_1, x_2, \cdots\}$ は正規直交集合とする.$n \in \mathbf{N}$

を固定するとき，次式で定義されるベクトル g の集合は部分空間を定める.

$$g = \sum_{i=1}^{n} c_i x_i.$$

内積と直交性の性質により次式が得られる.

$$\langle f - g, f - g \rangle = \|f - g\|^2 = \|f\|^2 + \sum_{i=1}^{n} |c_i - \langle f, x_i \rangle|^2 - \sum_{i=1}^{n} |\langle f, x_i \rangle|^2.$$

項 $\|f\|^2$ と $\sum_{i=1}^{n} |\langle f, x_i \rangle|^2$ は固定される一方，c_i は任意にとれる. $c_i = \langle f, x_i \rangle$ とおくとき $f - g$ はノルムの意味 (L^2 ノルムの際には最小自乗の意味) で最小化される. また 次の「ベッセル (Bessel) の不等式」の成立もわかる.

$$\sum_{i=1}^{n} |\langle f, x_i \rangle|^2 \leq \|f\|^2$$

ここで $c_i = \langle f, x_i \rangle$ を f のフーリエ係数と呼ぶ. $n \to \infty$ のとき上式の左辺の上界は $\|f\|^2$ で上に有界で増加列ゆえ左辺の級数はベッセルの不等式から収束し，次のリーマン (Riemann) の補題

$$\lim_{i \to \infty} \langle f, x_i \rangle = 0$$

の成立がわかる. フーリエ級数の設定のためには，$[0, 2\pi]$ 上でルベーグ積分による自乗積分可能な関数のなす集合をヒルベルト空間 H とし，その内積を

$$\langle f, g \rangle = \frac{1}{2\pi} \int_0^{2\pi} f(x)\overline{g}(x)dx$$

としよう. n を固定し，M を三角多項式で生成される部分空間[*1] とする. このときの正規直交集合は次式で与えられる ($n = 2m + 1$ として).

$$\{x_1, \cdots, x_n\} = \{1, e^{\pm ix}, e^{\pm 2ix}, \cdots, e^{\pm mix}\}.$$

先述で定めたフーリエ係数で定まる $g(x)$ は (M 内の) 最小化ベクトルで，与えられた f の最近接ベクトルとなる.

[*1] 訳注：M は $\{1, e^{\pm ix}, e^{\pm 2ix}, \cdots, e^{\pm mix}\}$ の一次結合の全体である.

4.6 演習

4.1 距離空間で次の事項を証明せよ.

(a) $|d(x,y) - d(x,z)| \leq d(y,z)$.

(b) $d(x_1, x_n) \leq d(x_1, x_2) + d(x_2, x_3) + \cdots + d(x_{n-1}, x_n)$.

4.2 距離空間で点列が収束するときその極限は一意的に定まる (1個である) ことを証明せよ.

4.3 (空間 l^p) $p \geq 1$ は実数で固定する. $X(= l^p)$ を $\sum_{i=1}^{\infty} |\xi|^p$ が収束する実数列 $x = \{\xi_1, \xi_2, \cdots\}$ の集合とする. 2点 $x = \{\xi_1, \xi_2, \cdots\}$ と $y = \{\eta_1, \eta_2, \cdots\}$ に対し, 距離を次式で定義する.

$$d(x,y) = \left(\sum_{i=1}^{\infty} |\xi_i - \eta_i|^p\right)^{1/p}.$$

次の事項を示せ.

(a) $x, y \in X$ に対する $d(x,y)$ を定義する級数は収束する.

(b) X は距離空間である.

4.4 $C[a,b]$ は距離

$$d(f,g) = \int_a^b |f(x) - g(x)| dx$$

により距離空間となることを示せ.

4.5 任意の有界な数列 $\{x_i\}$ からなる集合は距離

$$d(x,y) = \sup_{1 \leq i < \infty} |x_i - y_i|$$

により距離空間となることを示せ.

4.6 (4.7) から定まるノルムが実際にノルムの条件をみたすことを示せ.

4.7 三角形 ABC において β と α はそれぞれ辺 AC と辺 BC の中点とする. 辺長が $AC > BC$ をみたすとき中線 $A\alpha > B\beta$ を示せ.

4.8 ミンコフスキーの不等式で等号が成立する条件を述べ, その条件を証明せよ.

4.9 コーシー・シュワルツの不等式を用い, 定理 1.1 を証明せよ.

第5章

応　　用

5.1　はじめに

　ここで不等式の応用を幾つかみてみよう．前章までの数学的内容に辛抱強く付き合った読者にとり，これらの内容や，他の不等式応用の多くの分野の取り扱いは楽と思う．この章の主題は多岐にわたり，その順序に特別の意味はない（ちょうどこれらに実際遭遇するときのように）．

5.2　積分の評価

　ここで述べる着想は第2章で与えられたもので，さらに例を述べよう．三角不等式，コーシー・シュワルツの不等式，ミンコフスキーの不等式，これら全ては積分に対して積分値の上界を与えるものである．一方，チェビシェフの不等式は積分値の下界を与えることができる．

[例 5.1]　次の積分を考えよう．

$$I = \int_0^1 \sqrt{1 + x^5} dx.$$

被積分関数は $[0, 1]$ 上で極値 $1, \sqrt{2}$ をとるから，不等式 $1 \leq I \leq \sqrt{2}$ が容易に得られる．しかしながら，コーシー・シュワルツの不等式において $g(x) \equiv 1$ とおき，より改良された上界が得られる：

$$\int_0^1 |\sqrt{1 + x^5}| dx \leq \sqrt{\int_0^1 (1 + x^5) dx} = \frac{7}{6} \approx 1.167.$$

そこで，$1 \leq I \leq 7/6$.（数値的評価では，$I \approx 1.075$.）

[**例 5.2**] $(-\infty, \infty)$ で定義された二つの関数 $f(t)$ と $g(t)$ について，それらの合成積 $(f * g)(t)$ を次式の右辺が積分可能のとき次のように定義する．

$$(f * g)(t) = \int_{-\infty}^{\infty} f(x)g(t - x)dx.$$

このとき $f(t)$ と $g(t)$ が $(-\infty, \infty)$ で双方とも自乗可積分であれば関数 $f * g$ は有界である (演習 3.15 参照)．これはコーシー・シュワルツの不等式により

$$|(f * g)(t)|^2 = \left(\int_{-\infty}^{\infty} f(x)g(t - x)dx \right)^2$$

$$\leq \int_{-\infty}^{\infty} |f(x)|^2 dx \int_{-\infty}^{\infty} |g(t - x)|^2 dx.$$

よって，任意の t に対して $|(f * g)(t)| < \infty$ であり，$(f * g)(t)$ には上界があり有界関数である．

[**例 5.3**] 区間 $[2, 5]$ で双方とも増加である関数の積の積分

$$\int_2^5 e^x (x + 1)dx$$

を考えよう．チェビシェフの不等式により

$$I \geq \frac{1}{3} \int_2^5 e^x dx \int_2^5 (x + 1)dx = \frac{9}{2}(e^5 - e^2) \approx 635.$$

コーシー・シュワルツの不等式により得られる上界は

$$I \leq \sqrt{\int_2^5 e^{2x} dx \int_2^5 (x + 1)^2 dx} \approx 832.$$

I の正確な値はほぼ 727 である．

5.3 級数展開

多くの領域において関数級数が登場する．関数 $u_i(x), i = 1, 2, 3, \cdots$ は x 軸上で共通の定義域 D をもつと仮定しよう．級数 $\sum u_i(x)$ の第 n 部分和を

$$S_n(x) = \sum_{i=1}^{n} u_i(x)$$

とおく. 各 $x_0 \in D$ に対して $\sum u_i(x_0)$ を数値級数とみなすことができ, 解析学における標準的方法によりその収束と発散を考えることができる. これを級数 $\sum u_i(x)$ の各点収束と呼ぶ. しかしながら, 一様収束がより重要である. 級数 $\sum u_i(x)$ が D 上で関数 $u(x)$ に一様に収束することを次のように定義する. すなわち, 任意の ε に対して (ε に依存するが x に依存しない) $N > 0$ が存在して, D の任意の x, 任意の $n \ (> N) \Rightarrow |u(x) - S_n(x)| < \varepsilon$ が成立する. 一様収束はその関数級数が項別に積分または微分できるかを定める. 関数 $u_i(x)$ が積分可能で $\sum u_i(x)$ が $[a, b]$ 上一様収束するとき, 等式

$$\int_a^b \sum_{i=1}^{\infty} u_i(x) dx = \sum_{i=1}^{\infty} \int_a^b u_i(x) dx$$

が成立する. 関数 $u_i(x)$ が連続導関数をもち, $\sum u_i(x)$ が $[a, b]$ 上一様収束し, さらに項別微分された次式の右辺の関数級数が $[a, b]$ 上一様収束するとき, 等式

$$\frac{d}{dx} \sum_{i=1}^{\infty} u_i(x) dx = \sum_{i=1}^{\infty} \frac{d}{dx} u_i(x) dx$$

が成立する. 「ワイエルストラス (Weierstrass)M 判定法」なる補題が, 一様収束の十分条件を与える. すなわち, 正数からなる収束級数 $\sum M_i$ があって, 任意の $x \in D$ と任意の i に対して $|u_i(x)| \le M_i$ とする. このとき $u(x) = \sum u_i(x)$ と $M = \sum M_i$ とおけば,

$$|u(x) - S_n(x)| = \left| \sum_{i=n+1}^{\infty} u_i(x) \right|$$

$$\le \sum_{i=n+1}^{\infty} |u_i(x)| \le \sum_{i=n+1}^{\infty} M_i = \left| M - \sum_{i=1}^{n} M_i \right|$$

となる. ここで $\sum M_i$ は収束するので, 与えられた任意の $\varepsilon > 0$ に対して N が存在し, $n > N$ に対して上式最後の絶対値を ε より小さくできる. そこで $\sum u_i(x)$ は D 上一様収束する.

[**例 5.4**] $f(x)$ は周期 2π の周期関数とする.

$$a_0 + \sum_{n=1}^{\infty} (a_n \cos nx + b_n \sin nx)$$

は, 次式で定まる係数をもつ $f(x)$ のフーリエ級数である.

$$a_0 = \frac{1}{2\pi} \int_{-\pi}^{\pi} f(x)dx,$$

$$a_n = \frac{1}{2\pi} \int_{-\pi}^{\pi} f(x)\cos nx\, dx, \quad b_n = \frac{1}{2\pi} \int_{-\pi}^{\pi} f(x)\sin nx\, dx, \quad n \in \mathbf{N}.$$

フーリエ級数の収束 (とりわけ一様収束) は数多くの研究がなされ，その標準的扱いとしてルベーグ積分による手法が使われる．しかしながら M 判定法を用いる幾つかの収束条件の結果は直接的な示唆を与える．(例えば)$f(x)$ が 2 階までの連続な導関数をもつときフーリエ三角級数は至る所一様収束するなどである．実際に a_n の式を 2 回部分積分し，かつ $f(x)$ の周期性を用い，

$$a_n = -\frac{1}{n^2\pi} \int_{-\pi}^{\pi} f''(x)\cos nx\, dx.$$

そこで $f''(x)$ は $[-\pi, \pi]$ 上で連続ゆえ，その区間で最大値と最小値が取れ，ある $B > 0$ に対して

$$|a_n| \leq \frac{1}{n^2\pi} \int_{-\pi}^{\pi} |f''(x)|dx \leq \frac{2B}{n^2}.$$

同様にして $|b_n| \leq 2B/n^2$. 数値級数 $\sum n^{-p}, p > 1$ の収束および M 判定法から求めたい結論を得る．

展開のもう一つの重要な分野は漸近展開である．関数からなる漸近数列とは，ランダウ (Landau) の記号 o を使い，各項は前の項により押さえられているとする．すなわち，$\{w_n(x)\}$ が $x \to x_0$ のとき漸近数列であるとは $w_{n+1}(x) = o(w_n(x))$ であること，すなわち次式が成立する．

$$\lim_{x \to x_0} \frac{w_{n+1}(x)}{w_n(x)} = 0.$$

x が x_0 に近いとき，定数 a_n を使った重み付き和 $\sum a_n w_n(x)$ はある関数 $f(x)$ の良い近似を与えるものとする．そこで

$$f(x) - \sum_{n=1}^{m} a_n w_n(x) = o(w_m(x)) \quad (x \to x_0) \tag{5.1}$$

であれば，$x \to x_0$ のときその (重み付き) 和は $f(x)$ の「m 項漸近展開」であるといい，

$$f(x) \sim \sum_{n=1}^{m} a_n w_n(x) \quad (x \to x_0)$$

と書く. ($m = 1$ なる特別な場合は 1 項による「展開」であり，f の漸近公式として知られている). 固定した m に対して f と漸近展開の差は展開の最後の項に比べ，より早く零の値に近づく. 多くの関数が大なる x に対して次の形の漸近展開をもつ (x の負べき展開).

$$f(x) \sim \sum_{n=0}^{m} \frac{a_n}{x^n} \quad (x \to \infty).$$

考察の関数が等式

$$f(x) = \sum_{n=0}^{m} \frac{a_n}{x^n} + R_m(x)$$

で表現されたとき，各々の m に対して次式が成立するものとする.

$$R_m(x) \to 0, \quad R_m = O\left(\frac{1}{x^{m+1}}\right) \quad (x \to \infty). \tag{5.2}$$

上式の記号 O の意味は以下で与えられる：ある定数 B があって大なる x に対して次の不等式が成立する.[*1]

$$|R_m| \le B/x^{m+1}.$$

$x^m |R_m| \le B/|x|$ ゆえ $x \to \infty$ のとき $R_m/(1/x^m)$ なる数値は無限小になり，(5.1) の要求「o」がみたされることになる.

[例 5.5]　次の積分で定義される $g(x)$ を考える.

$$g(x) = \int_x^\infty \frac{e^{x-t}}{t} dt.$$

m 回の部分積分により次の式が得られる.

$$g(x) = \frac{1}{x} - \frac{1}{x^2} + \frac{2!}{x^3} - \frac{3!}{x^4} + \cdots + (-1)^m \frac{(m-1)!}{x^m} + R_m(x),$$

ここで

$$R_m(x) = (-1)^{m-1} m! \int_x^\infty \frac{e^{x-t}}{t^{m+1}} dt.$$

少し考えると

$$\int_x^\infty \frac{e^{x-t}}{t^{m+1}} dt \le \int_x^\infty \frac{e^{x-t}}{x^{m+1}} dt = \frac{1}{x^{m+1}}.$$

[*1] 訳注：$f'x) = O(g(x)), x \to x_0$ はある定数 B が存在し，$|f(x)/g(x)| \le B, x \to x_0$, が成立する意味である. 先の o 記号と合わせてランダウの記号と呼ばれる.

そこで (5.2) がみたされ，よって次の式を得る．

$$g(x) \sim \frac{1}{x} - \frac{1}{x^2} + \frac{2!}{x^3} - \frac{3!}{x^4} + \cdots + (-1)^m \frac{(m-1)!}{x^m}.$$

5.4 シンプソンの公式

積分

$$\int_a^b f(x)dx \tag{5.3}$$

の形の積分の数値評価を求めよう．次の考察で $f(x)$ の導関数が存在して連続であるとしよう．区間 $[a, b]$ を長さ $\Delta x = (b-a)/2n$ なる $2n$ 個の部分区間に分割し，$f(x)$ は最初の2区間で2次多項式で近似され，次の第3と第4の区間上で別の2次多項式でさらに近似され，$\cdots$．もちろん，それぞれの多項式の積分は容易で，近似多項式のそれらの積分和は (5.3) を近似できる．各多項式の積分を行うため，ラグランジュ(Lagrange) 補間についてふれる: $\{x_0, x_1, \cdots, x_n\}$ は相異なる $n+1$ 個の (補間) 点とする．次の関数を定義する．

$$l_i(x) = \prod_{j \neq i} \frac{(x - x_j)}{(x_i - x_j)}.$$

このとき $l_i(x_i) = 1, l_i(x_j) = 0 \ (j \neq i)$ である．次の多項式

$$p_n(x) = \sum_{i=0}^n f(x_i) l_i(x)$$

は (補間) 点 $\{x_0, x_1, \cdots, x_n\}$ で $f(x)$ を補間するという．これは，$x = x_i$ で $p_n(x) = f(x)$ が成立するからである．$h = \Delta x$ とおき，最初の2部分区間に注目: $x_1 = x_0 + h, x_2 = x + 2h$．$[x_0, x_2]$ 上で

$$p_2(x) = f(x_0) l_0(x) + f_1(x_1) l_1(x) + f_2(x_2) l_2(x).$$

積分 $\int_{x_0}^{x_2} p_2(x)dx$ を $S_{[x_0, x_2]}$ で示し，これを実行して簡単化すると

$$S_{[x_0, x_2]} = \frac{h}{3}(f(x_0) + 4f(x_1) + f(x_2)). \tag{5.4}$$

積分 $\int_{x_0}^{x_2} f(x)dx$ と近似 $S_{[x_0, x_2]}$ の差 (誤差) を知るために双方をテイラー級数で展開する．$F(x) = \int_{x_0}^x f(t)dt$ とおく．定理 2.5 から $F'(x) = f(x), F''(x) = f'(x)$，etc., ゆえに次の式を得る．

$$F(x_0 + 2h) = F(x_0) + F'(x_0)2h + \cdots + \frac{F^{(5)}(x_0)}{5!}(2h)^5 + O(h^6)$$

$$= f(x_0)2h + f'(x_0)(2h)^2 + \cdots + \frac{f^{(4)}(x_0)}{5!}(2h)^5 + O(h^6)$$

$$f(x_0 + h) = f(x_0) + f'(x_0)h + \cdots + \frac{f^{(4)}(x_0)}{4!}h^4 + O(h^5),$$

$$f(x_0 + 2h) = f(x_0) + f'(x_0)2h + \cdots + \frac{f^{(4)}(x_0)}{4!}(2h)^4 + O(h^5).$$

また

$$\int_{x_0}^{x_2} f(x)dx = F(x_0 + 2h)$$

ゆえそれぞれの項にテイラー級数を代入し簡単にすると次の式を得る.

$$\int_{x_0}^{x_2} f(x)dx - S_{[x_0,x_2]} = \frac{-h^5}{90}f^{(4)}(x_0) + O(h^6).$$

全部分区間の対を加えて次の差を得る.

$$\int_a^b f(x)dx - S_{[a,b]} = \frac{-h^5}{90}f^{(4)}(x_0) + \cdots + \frac{-h^5}{90}f^{(4)}(x_{2n-2})$$

$$+ O(h^6) + \cdots + O(h^6), \tag{5.5}$$

ここで $S_{[a,b]}$ は次式で与えられるシンプソン (Simpson) の近似公式である.

$$S_{[a,b]} = S_{[x_0,x_2]} + \cdots + S_{[x_{n-2},x_{2n}]}$$

$$= \frac{h}{3}(f(x_0) + 4f(x_1) + 2f(x_2) + \cdots + 4f(x_{2n-1}) + f(x_{2n})).$$

$f^{(4)}(x)$ の最大値と最小値をそれぞれ M と m とおく. このとき

$$nm \le f^{(4)}(x_0) + \cdots + f^{(4)}(x_{2n-2}) \le nM,$$

$$m \le \frac{f^{(4)}(x_0) + \cdots + f^{(4)}(x_{2n-2})}{n} \le M.$$

そこで中間値の定理より $\xi \in [a, b]$ が存在して

$$\frac{f^{(4)}(x_0) + \cdots + f^{(4)}(x_{2n-2})}{n} = f^{(4)}(\xi).$$

$b - a = 2nh$ より n 項の和は

$$\frac{-h^5}{90}f^{(4)}(x_0) + \cdots + \frac{-h^5}{90}f^{(4)}(x_{2n-2}) = \frac{-h^5}{180}f^{(4)}(\xi)(b-a).$$

同様に

$$O(h^6) + \cdots + O(h^6) = nO(h^6) = ((b-a)/2h)O(h^6) = O(h^5).$$

誤差はそこで $(-h^4/180)f^{(4)}(\xi)(b-a) + O(h^5)$, あるいはより簡単には

$$\int_a^b f(x)dx - S_{[a,b]} = O(h^4).$$

この誤差の式は理論的視点から興味がある: もし $b-a$ と $f(x)$ の高階導関数が大きくないとき，シンプソンの方法は小さい h に対して非常に正確である．実用上 4 階導関数が知られることはほとんどない．実際上は (期待する精度になるまで) 部分区間の等分を繰り返して計算していく．このとき偶数添え字の点での，関数値の和を次の反復では (既に求めているので) 計算する必要がないことに注意しよう．ロンバーグ (Rhomberg) の公式を含む他の数値積分公式については Patel[48] を参照のこと．

5.5 テイラー法

次の初期値問題を考える．

$$y' = f(x,y) \qquad (y(a) = y_0) \tag{5.6}$$

ここで $y(x)$ はこの問題の解とし，$y(x) \in C^{p+1}[a,b]$ を仮定する．$y(x_n)$ が（正確に）計算されたとして，次の x での値，$x_{n+1} = x_n + h$ における y の値を計算したい．テイラーの定理により次式を得る．

$$y(x_{n+1}) = y(x_n) + y'(x_n)h + y''(x_n)\frac{h^2}{2} + \cdots$$
$$+ y^{(p)}(x_n)\frac{h^p}{p!} + y^{(p+1)}(\xi)\frac{h^{p+1}}{(p+1)!}. \tag{5.7}$$

$y(x)$ は x の未知関数ゆえ，$y'(x), y''(x), \cdots$ は前もって陽に知ることはできない．しかしながら (5.6) により，x と $y(x)$ を用いて $y'(x)$ を知ることができ，さらに合成関数の微分公式により，$y''(x), y'''(x)$ も x と $y(x)$ を用いて表現できる．記法を簡単にするため $\partial f/\partial x$ を f_x, $\partial f/\partial y$ を f_y と書くことにする．

$$y'(x) = f(x,y) \tag{5.8}$$

と合成関数の微分公式から次式を得る.

$$y''(x) = f'(x) = f_x(x,y) + f_y(x,y)y'(x) = f_x(x,y) + f_y(x,y)f(x,y).$$

上の右辺を下記のように短縮できる.

$$y''(x) = (f_x + f_y f)|_{(x,y)}. \tag{5.9}$$

同様に次式を得る.

$$y'''(x) = (f_{xx} + 2ff_{xy} + f_{yy}f^2 + f_x f_y + f_y^2 f)|_{(x,y)}. \tag{5.10}$$

さらに高階の導関数も同様に, より複雑な式として得られる. 幸いに Fortran や C による数式処理のプログラムを使い, これらの冗長な数式変形を克服できる (演習 5.5 を参照). $y(x_n + h)$ に対するテイラーの定理を次のように書くことができる.

$$y(x_{n+1}) = y(x_n) + h\Phi_p(x_n, y(x_n)) + y^{(p+1)}(\xi)\frac{h^{p+1}}{(p+1)!},$$

ここで,

$$\Phi_p(x,y) = \left(f + \frac{h}{2}(f_x + f_y f) + \cdots + \frac{h^{(p-1)}}{p!}f^{(p-1)} \right)\Big|_{(x,y)}$$

であり, $f^{(p-1)}(x, y(x))$ は x に関する $p-1$ 階導関数であり, (5.8), (5.9) 等のように展開できる. 次数 p のテイラーのアルゴリズムとは $y(x_{n+1})$ の近似 y_{n+1} を得る際に次数 p のテイラー多項式を使う方法である. 言い換えれば次のようになる. 正確な値 $y(x_n)$ の近似を y_n とおくとき,

$$y_{n+1} = y_n + h\Phi_p(x_n, y_n)$$

を使う. $p = 1$ なる特別な場合には良く知られたオイラー法が得られる.

$$y_{n+1} = y_n + hf(x,y).$$

もちろん (テイラーの) 剰余項を考慮していないので, 各ステップの y の値の近似において, テイラー級数を次数 p の多項式で与えた結果の (打ち切り) 誤差が生ずる. 議論を簡単にするために浮動小数演算による丸めによる誤差を無視する. 局所誤差は解くたびに大きくなり, 初期の離散化誤差は解法の後ではより大となる. どのようにこれが生長するかを見るために x_n での正確解 $y(x_n)$ と計算値 y_n の差 $e_n = y(x_n) - y_n$ をとおく. このとき

$$e_{n+1} - e_n = y(x_{n+1}) - y_{n+1} - (y(x_n) - y_n)$$
$$= y(x_{n+1}) - y(x_n) - (y_{n+1} - y_n)$$

$$= h\Phi_p(x_n, y(x_n)) + y^{(p+1)}(\xi_n)\frac{h^{p+1}}{(p+1)!} - h\Phi_p(x_n, y_n).$$

$$(5.11)$$

次の仮定を考える: 正定数 L が存在して, 任意の $u, v \in \mathbf{R}$ と任意の $x \in [a, b]$ に対して次の不等式が成立する.

$$|\Phi_p(x, u) - \Phi_p(x, v)| \leq L|u - v|. \qquad (5.12)$$

$y(x) \in C^{p+1}[a, b]$ を仮定しているので

$$|y^{p+1}(x)| \leq Y \qquad (5.13)$$

をみたす定数 Y が存在する. このとき (5.11), (5.12) と (5.13) から

$$|e_{n+1}| \leq |e_n| + hL|y(x_n) - y_n| + Y\frac{h^{p+1}}{(p+1)!}$$

が得られ, それゆえ次の不等式を得る.

$$|e_{n+1}| \leq (1 + hL)|e_n| + Y\frac{h^{p+1}}{(p+1)!}. \qquad (5.14)$$

e_n がいかに速く大きくなるかをみるために, $\{|e_n|\}$ を上から押さえる数列 $\{z_n\}$ を考えよう. 実際に, 初期条件 $y(a) = y_0$ は正確であると仮定し, $z_0 = |e_0| = 0$ とおき, 任意の n に対して

$$z_{n+1} = (1 + hL)z_n + Y\frac{h^{p+1}}{(p+1)!}, \qquad B = Y\frac{h^{p+1}}{(p+1)!} \qquad (5.15)$$

とおく. このとき

$$z_1 = B,$$
$$z_2 = (1 + hL)z_1 + B = ((1 + hL) + 1)B,$$
$$\vdots \qquad (5.16)$$
$$z_n = ((1 + hL)^{n-1} + \cdots + 1)B,$$

幾何級数の和をとり,

$$z_n = B\frac{(1 + hL)^n - 1}{1 + hL - 1} = \frac{(1 + hL)^n - 1}{hL}B.$$

テイラー級数における議論から $1 + hL < e^{hL}$ を得て, これから

$$z_n \leq \frac{e^{hLn} - 1}{hL}B.$$

x は $x_n \in [a, b]$ の範囲を動くゆえ, $nh \le b - a$ であり, (5.15) から次の結果を得る.

$$|e_n| \le z_n \le \frac{Y}{L}\left(e^{L(b-a)} - 1\right)\frac{h^p}{(p+1)!} \to 0 \quad (h \to 0).$$

Y と L は定数ゆえ, 少なくも, $h \to 0$ のときテイラーの方法は収束する. 上の誤差限界は安心を与えはするが, 実用上はさほど有用でない. 実際には同一の終端点 b で, 異なる 2 個の刻み, 例えば h と $h/2$ に対して結果を比較し使用に耐えることがわかれば十分小さい h であると (通例は) みなしている. h を適切に変更する手法は [49] を参照せよ.

5.6 数理物理学における特殊関数

応用科学には多数の特殊関数があり, それらについて興味ある多くの不等式が成り立つ [1, 4, 27, 58]. ここでは読者の食欲をそそる基本的な例を与える.

[例 5.6] $\mathcal{R}[z] > 0$ のとき, ガンマ関数 $\Gamma(z)$ の値はオイラーの第 2 種積分公式で与えられる:

$$\Gamma(z) = \int_0^\infty t^{z-1}e^{-t}dt.$$

x は任意の正数として, $z = x$ とする. $\Gamma(x)$ は任意の回数だけ微分でき, $x > 0$ として次の等式を得る.

$$\frac{d^n\Gamma(x)}{d^nx} = \int_0^\infty t^{x-1}e^{-t}(\ln t)^n dt.$$

コーシー・シュワルツの不等式から

$$|\Gamma'(x)|^2 \le \int_0^\infty (t^{(x-1)/2}e^{-t/2})^2 dt \int_0^\infty (t^{(x-1)/2}e^{-t/2}\ln t)^2 dt$$

となり, 次の結果を得る.

$$|\Gamma'(x)|^2 \le \Gamma(x)\Gamma''(x).$$

複素変数の場合に,

$$|\Gamma(x+iy)| = \left|\int_0^\infty t^{x-1}e^{-t}t^{iy}dt\right| \le \int_0^\infty |t^{x-1}e^{-t}||t^{iy}|dt,$$

と $|t^{iy}| = |e^{iy\ln t}| = 1$ から次の不等式を得る.

$$|\Gamma(x+iy)| \leq |\Gamma(x)|.$$

もちろん，正整数変数に対してはガンマ関数は階乗関数，$\Gamma(n) = (n-1)!$ となる (演習 **5.6** 参照).

[**例 5.7**]　$x > 0, n = 0, 1, 2, \cdots$ に対して指数積分の列が次のように定義される:

$$E_n(x) = \int_1^\infty \frac{e^{-xt}}{t^n} dt.$$

次のように考えよう.

$$\left(\int_1^\infty \frac{e^{-xt}}{t^n} dt\right)^2 = \left(\int_1^\infty \frac{e^{-xt/2} e^{-xt/2}}{t^{(n-1)/2} t^{(n+1)/2}} dt\right)^2$$

$$\leq \int_1^\infty \left(\frac{e^{-xt/2}}{t^{(n-1)/2}} dt\right)^2 dt \int_1^\infty \left(\frac{e^{-xt/2}}{t^{(n+1)/2}} dt\right)^2 dt.$$

次の不等式が得られる $(n = 1, 2, 3, \cdots)$.

$$E_n^2(x) \leq E_{n-1}(x) E_{n+1}(x).$$

[**例 5.8**]　第 1 種のチェビシェフ多項式

$$T_n(x) = \cos(n \cos^{-1} x), \quad n \in \mathbf{N}$$

を考えよう.　$-1 \leq x \leq 1$ のとき明らかに

$$|T_n(x)| \leq 1.$$

$x = \cos p$ とし，微分して

$$\frac{dT_n(x)}{dx} = -\frac{1}{\sin p} \frac{dT_n(p)}{dp} = n \frac{\sin np}{\sin p}.$$

ここで $n \sin np / \sin p$ は $p = 0$ で最大値をとるから[*1]，$-1 \leq x \leq 1$ に対して次の結果を得る.

$$\left|\frac{dT_n(x)}{dx}\right| \leq n^2.$$

[*1] 訳注：$g_n(p) = n \sin np / \sin p$ とおくと，$g_1(p) = 1$. また加法定理から $g_n(p) = \frac{n}{n-1} \cos p \, g_{n-1}(p) + n \cos(n-1)p$ が成り立つ. 数学的帰納法から $|g_n(p)| \leq n^2$ が示される.

[**例 5.9**] 　第 1 種の n 次ベッセル関数は $-\infty < x < \infty$ に対して

$$J_n(x) = \sum_{m=0}^{\infty} \frac{(-1)^m (x/2)^{2m+n}}{m!(m+n)!}$$

なる級数で表され，かつまた

$$J_n(x) = \frac{1}{\pi} \int_0^\pi \cos(nt - x \sin t) dt$$

なる積分でも表される．積分表現から直ちに次の不等式が得られる．

$$|J_n(x)| \le \frac{1}{\pi} \int_0^\pi |\cos(nt - x \sin t)| dt \le \frac{1}{\pi} \int_0^\pi (1) dt = 1.$$

また，等式[*1]

$$J_{-n}(x) = (-1)^n J_n(x)$$

は級数表現から得られる．他の性質は例えば次の母関数表現

$$\exp\left[\frac{x}{2}\left(t - \frac{1}{t}\right)\right] = \sum_{n=-\infty}^{\infty} J_n(x) t^n$$

から得られ，実際に対称性

$$J_n(-x) = (-1)^n J_n(x)$$

や $J_0(0) = 1$, さらに加法定理

$$J_n(x+y) = \sum_{m=-\infty}^{\infty} J_m(x) J_{n-m}(y)$$

はこの母関数表現から得られる．この加法定理に $y = -x$ と $n = 0$ とおいて

$$J_0(0) = 1 = \sum_{m=-\infty}^{\infty} J_m(x) J_{-m}(-x),$$

そこで次の等式を得る．

$$1 = J_0(x) J_0(-x) + \sum_{m=1}^{\infty} [J_{-m}(x) J_m(-x) J_m(x) J_{-m}(-x)]$$

$$= J_0(x)^2 + 2 \sum_{m=1}^{\infty} J_m^2(x).$$

[*1] 訳注：寺澤寛一，数学概論, 岩波書店,1964 年刊の (7.75) 参照.

これから，$m = 1, 2, \cdots$ に対して次の不等式を得る.

$$|J_m(x)| \leq 1/\sqrt{2}.$$

さらに，興味深い性質，連続するベッセル関数の零点の「相互配置性」が得られ，これはロールの定理と $x > 0$ に対する次の微分公式[*1]から示される.

$$[x^n J_n(x)]' = x^n J_{n-1}(x),$$

$$[x^{-n} J_n(x)]' = -x^{-n} J_{n+1}(x).$$

実際に最初の等式で $n = k+1$，次の等式で $n = k$ とおくとき，

$$[x^{-k} J_k(x)]' = -x^{-k} J_{k+1}(x),$$

$$[x^{k+1} J_{k+1}(x)]' = x^{k+1} J_k(x).$$

これらの内，最初の等式から，J_k のどの2個の零点の間にも J_{k+1} の零点が少なくも1個ある．一方，第2の等式から，J_{k+1} のどの2個の零点の間にも J_k の零点が少なくも1個ある．これから，それぞれの関数の零点が他の関数の各々の零点の対の間に1個かつ唯1個存在することになる．このようにして相互配置性が確立された.

[例 5.10] ルジャンドル多項式 $P_n(x), n = 0, 1, 2, \cdots$ はある常微分方程式(ルジャンドル微分方程式) の解であり，また次のラプラスの積分公式でも与えられる ([27]). $|x| \leq 1$ に対して

$$P_n(x) = \frac{1}{\pi} \int_0^\pi [x + \sqrt{x^2 - 1} \cos t]^n dt$$

$$= \frac{1}{\pi} \int_0^\pi [x + i\sqrt{1 - x^2} \cos t]^n dt$$

である．さらに次の積分

$$\int_{-1}^1 x^m P_n(x) dx = 0 \quad (0 \leq m < n)$$

や漸化式

$$(x^2 - 1)P_n'(x) = n[x P_n(x) - P_{n-1}(x)] \quad (|x| < 1)$$

[*1] 訳注：母関数表現から，$2J_n'(x) = J_{n-1}(x) - J_{n+1}(x)$, $2nJ_n(x)/x = J_{n-1}(x) + J_{n+1}(x)$ が得られ，これを組み合わせて本文中の微分公式が得られる.

が成立する．ラプラスの公式から

$$\pi|P_n(x)| \leq \int_0^\pi |x + i\sqrt{1-x^2}\cos t|^n dt$$

$$= \int_0^\pi [x^2 + (1-x^2)\cos^2 t]^{n/2} dt$$

$$\leq \int_0^\pi [x^2 + (1-x^2)]^{n/2} dt.$$

よって $|x| \leq 1$ のとき $|P_n(x)| \leq 1, n = 0, 1, 2, \cdots$. 一方

$$\pi|P_n(x)| \leq \int_0^\pi [x^2 + (1-x^2)\cos^2 t]^{n/2} dt$$

$$= 2\int_0^{\pi/2} [1 - (1-x^2)\sin^2 t]^{n/2} dt$$

$$\leq 2\int_0^{\pi/2} \left[1 - (1-x^2)\left(\frac{2t}{\pi}\right)^2\right]^{n/2} dt$$

$$< 2\int_0^{\pi/2} \left(\exp\left[-\frac{4(1-x^2)t^2}{\pi^2}\right]\right)^{n/2} dt.$$

最後の段階は任意の $x > 0$ に対して $e^{-x} > 1 - x$ から得られる．さらに

$$\pi|P_n(x)| \leq 2\int_0^{\pi/2} \exp\left[-\frac{2n(1-x^2)t^2}{\pi^2}\right] dt$$

$$\leq 2\int_0^\infty \exp\left[-\frac{2n(1-x^2)t^2}{\pi^2}\right] dt$$

である．$n \neq 0$ に対して最後の積分は閉じた形で存在し[*1]，$|x| < 1, n = 1, 2, 3, \cdots$ に対して

$$|P_n(x)| \leq \sqrt{\frac{\pi}{2n(1-x^2)}}$$

である．所で次の漸化式に三角不等式を適用すれば，

$$|P_n'(x)| = \frac{n|xP_n(x) - P_{n-1}(x)|}{|x^2 - 1|} \leq n\frac{|xP_n(x)| + |P_{n-1}(x)|}{|x^2 - 1|}$$

[*1] 訳注：$I(a) = \int_0^\infty e^{-ax^2} dx$ とおくとき，$I(a)^2$ は xy 平面の上半平面の2重積分で計算できて，$I(a) = \frac{1}{2}\sqrt{\frac{\pi}{a}}$ である．

$$\leq n \frac{|x|+1}{|x^2-1|} = n \frac{|x|+1}{||x|^2-1|}$$

となり，$|x| < 1$ に対して 1 階導関数に対して次の評価を得る.

$$|P_n'(x)| \leq \frac{n}{1-|x|}.$$

もう少しルジャンドル多項式について考えよう.

[**例 5.11**]　ルジャンドル多項式は直交多項式である. 実際に多項式の系 $\{p_n(x) \mid n = 0, 1, 2, \cdots\}$ が重み $w(x) > 0$ に関して直交多項式系であるとは次の条件を満足するときにいう[*1] : $m \neq n$ のとき

$$\int_a^b p_n(x)p_m(x)w(x)dx = 0.$$

面白いことには，それら多項式の零点の位置に関する結果を簡単に示せる. 上の式で $m = 0$ とおくとき，$n \geq 1$ に対して，

$$\int_a^b p_n(x)w(x)dx = 0$$

となり，明らかに少なくも 1 点 $x \in (a,b)$ で $p_n(x)$ は符号を変える. そのような点を $x_1, \cdots, x_k,$ とおくとき $p_n(x)(x-x_1)\cdots(x-x_k)w(x)$ は $[a,b]$ で符号を変えない. しかしながら $k < n$ であれば

$$\int_a^b p_n(x)(x-x_1)\cdots(x-x_k)w(x)dx = 0$$

である. それは n より小なる次数のどんな多項式に対しても $p_n(x)$ は直交しているから (このことは n より小なる任意の多項式は，多項式 $p_j(x), j < n$ の一次結合で一意的に表現できることから得られる). よって $k \geq n$ であり，さらにそれゆえ $k = n$ となる, なぜなら $p_n(x)$ は n 個より多くの零点をもたないから. 我々の結論: $p_n(x)$ の零点は全て相異なる実数であり，(a,b) 内に存在する，が得られる.

[**例 5.12**]　$P_n(x)$ の最高次の係数 c_n で割って $\pi(x) = P_n(x)/c_n$ とおく. このとき，$(-1,1)$ で定義され最高次の係数が 1 である任意の n 次多項式 $f_n(x)$ のノルムは $\pi(x)$ のノルムより小になり得ないことがわかる. 実際にこれを示

[*1] 訳注 : 多項式 p_m は m 次式であるとする.

すには，差を与える $n-1$ 次の多項式

$$d_{n-1}(x) = f_n(x) - \pi_n(x)$$

を定義して次の計算を行う．

$$\|f_n(x)\|^2 = \int_{-1}^{1} \{d_{n-1}(x) + \pi_n(x)\}^2 dx$$

$$= \int_{-1}^{1} d_{n-1}^2(x)dx + 2\int_{-1}^{1} d_{n-1}(x)\pi_n(x)dx + \int_{-1}^{1} \pi_n^2(x)dx$$

$$= \|d_{n-1}(x)\|^2 + \|\pi_n(x)\|^2.$$

それゆえ $\|f_n(x)\|^2 \geq \|\pi_n(x)\|^2$ である．

[**例 5.13**]　　第1種の，0次変形ベッセル関数は次式で与えられる．

$$I_0(x) = \sum_{n=0}^{\infty} \frac{x^{2n}}{(n!2^n)^2}.$$

任意の非負整数 n に対して $(n!2^n)^2 \geq (2n)!$ が数学帰納法で容易に得られる．
そこで次の不等式が得られる．

$$I_0(x) \leq \sum_{n=0}^{\infty} \frac{x^{2n}}{(2n)!} = \cosh x.$$

さらに演習 5.10 を参照せよ．

　取り急ぎ付け加えなければいけないことだが，興味ある特殊関数に対する上
界や不等式を得ることは，ここでみるようには易しくはない．例としてエルミー
ト多項式 $H_n(x)$ は量子力学では重要であるが，これに対するある不等式は多く
の計算と準備が必要である．興味をもつ読者は Indritz[30] を参照することを勧
めたい．そこには次の不等式の導出の概略が紹介されている．

$$|H_n(x)| \leq (2^n n!)^{1/2} e^{x^2/2}.$$

5.7　弾道 (投擲) 問題

　物体が初期速度 v_0 で鉛直上方に投げ上げられたとする．この物体に空気抵抗
が働きその力は速度に比例するものとすると，物体の上昇持続時間と手元に下
降するまでの時間はどちらがより大きいだろうか?

ニュートンの第2法則によれば鉛直上方の速度 $v_u(t)$ は次の式で記述される.

$$m\frac{dv_u}{dt} = -mg - kv_u.$$

ここで m は物体の質量であり, g は自由落下加速度定数, k は空気抵抗の比例定数である. 与えられた初期速度で方程式の解は次式で与えられる.

$$v_u(t) = \gamma g[(1+\alpha)e^{-t/\gamma} - 1],$$

ここで $\gamma = m/k, \alpha = v_0/\gamma g$ である. 上昇し続ける時間 t_u は $v_u(t_u) = 0$ で求められる. それは

$$t_u = \gamma \ln(1+\alpha)$$

で, そのときの最大高さは

$$h = \int_0^{t_u} v_u(t)dt = \gamma^2 g[\alpha - \ln(1+\alpha)]$$

に達する. 時間の新たな原点を下降開始時刻に設定すれば, 下降速度 v_d は

$$\frac{dv_d}{dt} + \frac{1}{\gamma}v_d = g$$

に支配される. 初期条件 $v_d(0) = 0$ の下で解は次式のようになる.

$$v_d(t) = \gamma g(1 - e^{-t/\gamma}).$$

(最初の位置まで) 下降する時間 t_d は

$$\int_0^{t_d} v_d(t)dt = h$$

あるいはまた

$$\gamma g t_d + \gamma^2 g(e^{-t_d/\gamma} - 1) = \gamma^2 g[\alpha - \ln(1+\alpha)]$$

で与えられる. これは t_d に対する超越方程式[*1]であり, 変数 $T_d = t_d/\gamma$ を導入すれば, 方程式は $F(T_d) = 0$ と書ける. ここで

$$F(x) = x + e^{-x} - (1+\alpha) + \ln(1+\alpha).$$

$F'(x) = 1 - e^{-x} > 0$ ゆえ, $F(x)$ は狭義の増加である. $T_u = t_u/\gamma$ と定義して,

$$F(T_u) = 2\ln(1+\alpha) - (1+\alpha) + \frac{1}{(1+\alpha)}$$

[*1] 訳注: 未知数と定数に四則演算や n 乗根を求める演算 (開法) を有限回施して得られる方程式 (代数方程式) 以外の方程式のこと.

$$= 2\ln(1+\alpha) - \alpha\left(\frac{2+\alpha}{1+\alpha}\right) < 0,$$

ここで最後の不等号は微分操作で容易に確かめられる. このことおよび F の単調性から $T_u < T_d$ の結論が得られる (図 5.1 参照). つまり物体は上昇に要するより多くの時間を下降に費やす.

もちろん, 結論の物理的信頼性は使用モデルの適切性に依存している. 良く知られているように流体内における多くの (最も多いわけではないが) 抵抗特性は速度の平方に比例している (Glaister[26]). 空気抵抗の一般的解析の他の多数の例については de Alwis [16] を参照せよ.

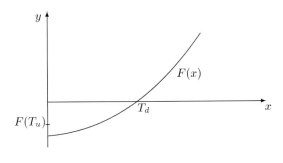

図 5.1 弾道問題の時間

5.8   幾何学的形状

少しだけ, 簡単な幾何学的形状の取り扱いに不等式を応用しよう.

[**例 5.14**]   多面体とは平面で限られた立体であり, これは (有限個の) 多角形の面の和とみなせる. これらの面は互いに稜と呼ばれる線分で接合し, 2 個の稜の共通の端点は頂点と呼ばれる. 多くある多面体の中で最も美しいものは正多面体で, それらの全ての面は一つの正多角形に合同である. 不等式の簡単な議論からこのような多面体 (プラトン (Platon) の多面体) は 5 種類のみ存在することが示される. その証明はオイラー (Euler) の公式を基礎になされる. これは任意の単体的多面体の面数を F, 稜の数を E, 頂点数を V とするとき $F - E + V = 2$ なる等式を意味する. 例えば直方体は $F = 6, E = 12, V = 8$, 一方, 4 面体は $F = 4, E = 6, V = 4$ である. 正確な「単体的」の定義を与え

るには位相について学ぶ必要があるが，本題から外れるので，ここでは円環状の多面体のように穴が開いている多面体を考察しないと述べるに留める ([6])．

そこで単体的正多面体を考えよう．面多角形がすべて同一形と仮定されているので，定数 σ を面の辺数，他の定数 v を各頂点に会する辺数とする．容易に $\sigma \geq 3, v \geq 3$．さらに各稜が 2 端点をもち，2 面の共通辺であることから，$2E = \sigma F = vV$ がわかる．F と V をオイラーの公式から消去すれば

$$\frac{1}{\sigma} + \frac{1}{v} = \frac{1}{2} + \frac{1}{E}. \tag{5.17}$$

まず $\sigma \geq 3$ と (5.17) より

$$\frac{1}{\sigma} = \frac{1}{2} + \frac{1}{E} - \frac{1}{v} \leq \frac{1}{3}.$$

これから

$$\frac{1}{6} + \frac{1}{E} \leq \frac{1}{v}.$$

よって $3 \leq v \leq 5$ である．同様な論理により $3 \leq \sigma \leq 5$ である．これから可能な組み合わせは次の表にまとめられる．

σ	v	E	$F = 2E/\sigma$	$V = 2E/v$	名称
3	3	6	4	4	4 面体
3	4	12	8	6	8 面体
3	5	30	20	12	20 面体
4	3	12	6	8	直方体
5	3	30	12	20	12 面体

これらはプラトンの多面体と呼ばれる．

等周不等式と呼ばれる一連の興味深い不等式から，種々の幾何学的形状の限界的条件の知識が得られる．これらの不等式の一例を次に示す ([44])．

[例 5.15] $f(x)$ を周期 L なる関数とする．先に述べたように適当な制約，例えばフーリエ級数の一様収束条件下で考える．$f(x)$ と $F(x)$ に対して

$$f(x) = a_0 + \sum_{n=1}^{\infty} \left(a_n \cos \frac{2\pi n}{L} x + b_n \sin \frac{2\pi n}{L} x \right),$$

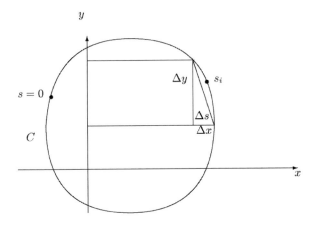

図 5.2　等周不等式の導出

$$F(x) = A_0 + \sum_{n=1}^{\infty} \left(A_n \cos \frac{2\pi n}{L}x + B_n \sin \frac{2\pi n}{L}x \right).$$

これら 2 個の関数の積を $[0, L]$ 上で積分すれば次のパーセバル (Parseval) の等式を得る.

$$\int_0^L f(x)F(x)dx = \frac{L}{2}\left[2a_0A_0 + \sum_{n=1}^{\infty}(a_nA_n + b_nB_n) \right]. \qquad (5.18)$$

　図 5.2 にある既知の長さ L をもつ, 単一の, 滑らかな閉じた平面曲線 C を考えよう. 囲まれた面積 A を最大にする C はどんな形状かを問題にする. (解析学に通常出合う形とは異なっているが, これも停留問題である). C 上に参照点 $P(x, y)$ をとり, 点 (x, y) までの C に沿っての長さ s を計測し, それをパラメータとして定義する. $x(s)$ と $y(s)$ は周期 L で十分滑らか (必要なだけ微分可能) と仮定するので次のフーリエ級数で表現される.

$$x(s) = a_0 + \sum_{n=1}^{\infty} \left(a_n \cos \frac{2\pi n}{L}s + b_n \sin \frac{2\pi n}{L}s \right),$$

$$y(s) = A_0 + \sum_{n=1}^{\infty} \left(A_n \cos \frac{2\pi n}{L}s + B_n \sin \frac{2\pi n}{L}s \right).$$

さらに一様収束ゆえ項別に微分可能であり,

$$x'(s) = \sum_{n=1}^{\infty} \frac{2\pi n}{L}\left(b_n \cos\frac{2\pi n}{L}s - a_n \sin\frac{2\pi n}{L}s\right),$$

$$y'(s) = \sum_{n=1}^{\infty} \frac{2\pi n}{L}\left(B_n \cos\frac{2\pi n}{L}s - A_n \sin\frac{2\pi n}{L}s\right).$$

(5.18) をこれら級数に適用し，結果を加えて

$$\int_0^L [x'^2(s) + y'^2(s)]ds = \frac{2\pi^2}{L}\sum_{n=1}^{\infty} n^2(a_n^2 + b_n^2 + A_n^2 + B_n^2).$$

$x'^2(s) + y'^2(s) = 1$ ゆえ

$$\sum_{n=1}^{\infty} n^2(a_n^2 + b_n^2 + A_n^2 + B_n^2) = \frac{L^2}{2\pi^2}.$$

図 5.2 を見れば囲まれた面積に対して

$$A \approx \sum_i x(s_i)\Delta y = \sum_i x(s_i)\frac{\Delta y}{\Delta s}\Delta s,$$

ここで右辺の極限をとれば, (5.18) と先の微分された級数により

$$A = \int_0^L x(s)y'(s)ds = \pi\sum_{n=1}^{\infty} n(a_n B_n - A_n b_n).$$

そこで,

$$L^2 - 4\pi A = 2\pi^2\sum_{n=1}^{\infty} n^2(a_n^2 + b_n^2 + A_n^2 + B_n^2) - 4\pi^2\sum_{n=1}^{\infty} n(a_n B_n - A_n b_n)$$

$$= 2\pi^2\sum_{n=1}^{\infty}[(na_n - B_n)^2 + (nA_n + b_n)^2 + (n^2-1)(b_n^2 + B_n)].$$

この右辺が非負ゆえ

$$A \le L^2/4\pi.$$

これが等周不等式であり，この最大値問題に答えよう．明らかに等号が成立するのは, (1) $n \ge 2$ に対する全フーリエ係数が零値をとる, (2) $a_1 = B_1$ かつ $A_1 = -b_1$ のとき，かつそのときに限る．この条件下で

$$x(s) = a_0 + a_1\cos\frac{2\pi}{L}s + b_1\sin\frac{2\pi}{L}s,$$

$$y(s) = A_0 - b_1 \cos\frac{2\pi}{L}s + a_1 \sin\frac{2\pi}{L}s.$$

平方し，s を消去して

$$(x - a_0)^2 + (y - A_0)^2 = a_1^2 + b_1^2.$$

よって，与えられた長さをもつ，任意閉曲線の内で円が最大の面積を有する．

[例 5.16]　与えられた周長をもつ三角形の内で正三角形が最大の面積をもつことが示せる．三角形の面積 A はヘロン (Heron) の公式

$$A = \sqrt{s(s-a)(s-b)(s-c)}$$

で与えられる．ここで a, b, c は辺の長さ，s は周長 p の半分を示す．算術平均・幾何平均不等式から

$$\sqrt[3]{\frac{A^2}{s}} = \sqrt[3]{(s-a)(s-b)(s-c)} \leq \frac{(s-a) + (s-b) + (s-c)}{3} = \frac{s}{3}.$$

よって

$$A \leq \frac{s^2}{3\sqrt{3}} = \frac{p^2}{12\sqrt{3}}.$$

等号は $s-a, s-b, s-c$ が全て等しいときそのときに限り得られる．

5.9　静電界と静電容量

　静電力学は静電荷およびその相互作用の研究分野である．静電力学は保存力場である，その結果電界のベクトル場はポテンシャル関数の勾配として表現される．(静電位) ポテンシャル $\Phi(x,y,z)$ は電荷によって生じ，ポアソン (Poisson) 方程式

$$\nabla^2\Phi = \frac{\partial^2\Phi}{\partial x^2} + \frac{\partial^2\Phi}{\partial y^2} + \frac{\partial^2\Phi}{\partial z^2} = -\frac{\rho}{\epsilon_0}$$

をみたす．ここで $\rho = \rho(x,y,z)$ は電荷密度 (Coulombs/meter^3)，ϵ_0 は真空の誘電率 (正定数) である．Φ はそのスカラー性により使いやすく，その最も基本的な性質が不等式の計算を通じて学べる．

[例 5.17]　非有界自由空間内の領域 V 全体に連続な電荷 $\rho(x,y,z)$ が分布していると考える．これが点 (x,y,z) にもたらすポテンシャルは

$$\Phi(x, y, z) = \frac{1}{4\pi\epsilon_0} \int_V \frac{\rho(x', y', z')}{R} dx'dy'dz',$$

で与えられる. ここで R は点 (x, y, z) から微小体積上の電荷点 (x', y', z') まで
の距離である. V から遠く離れた所で Φ の振るまいを考えよう. 次の考察は電
荷が負値でも容易に修正できる. しかし簡単のため V で $\rho(x', y', z') \geq 0$ と仮
定する. 固定点 (x, y, z) に対して R の最大値と最小値をそれぞれ R_M と R_m
と書こう. このとき

$$\frac{1}{R_M} \leq \frac{1}{R} \leq \frac{1}{R_m}$$

であり,

$$\int_V \frac{\rho}{R_M} dx'dy'dz' \leq \int_V \frac{\rho}{R} dx'dy'dz' \leq \int_V \frac{\rho}{R_m} dx'dy'dz',$$

すなわち,

$$\frac{Q}{4\pi\epsilon_0} \frac{R}{R_M} \leq R\Phi \leq \frac{Q}{4\pi\epsilon_0} \frac{R}{R_m},$$

ここで V 内の全電荷は次式で与えられる.

$$Q = \int_V \rho dx'dy'dz'.$$

$R \to \infty$ のとき R/R_M と R/R_m は 1 に近づき, 中項 $R\Phi$ は挟まれて $Q/4\pi\epsilon_0$
に近づく. よって $\Phi = O(R^{-1})$ であり, ポテンシャルは無限遠で正則となる[*1].

[例 5.18] ([60] 参照) 2 次元の状況として

$$\frac{\partial^2 \Phi}{\partial x^2} + \frac{\partial^2 \Phi}{\partial y^2} = -\frac{\rho(x, y)}{\epsilon_0} \tag{5.19}$$

を xy-平面の有界領域 D で考える. D の境界を示す曲線を C で示す. 連続な
解 $\Phi(x, y)$ の性質を調べよう. ここで ρ が真に負である場合, これは (5.19) の
非斉次項が真に正である場合に対応する. $D \cup C$ 上で Φ が連続ゆえ, $D \cup C$ 上
の点 $p_0 = (x_0, y_0)$ で最大値をとる. $p_0 \in D$ のとき Φ が微分可能であるのて次
の 2 式が同時に成立する.

$$\left.\frac{\partial^2 \Phi}{\partial x^2}\right|_{p_0} \leq 0, \quad \left.\frac{\partial^2 \Phi}{\partial y^2}\right|_{p_0} \leq 0.$$

[*1] 訳注 : $w = f(z), z \in \mathbf{C}$ が正則関数とし, 変換 $\zeta = 1/z$ を施して $w = f(1/\zeta)$ が $\zeta = 0$
で正則であるとき, $w = f(\zeta)$ は無限遠で正則であるという.

これは矛盾である. よって $p_0 \in C$ である. 与えられた仮定のもとで $\max \Phi$ は曲線 C 上でとることになる.

次に ρ が D で非負であるとしよう. B を C 上の Φ の上界をとし, また,

$$\Phi(x,y) = \phi(x,y) - \varepsilon(x^2 + y^2)$$

とおく. ϕ は上の式で定まる新しい関数である. ここで $\varepsilon > 0$ は任意とする. (5.19) に代入して,

$$\frac{\partial^2 \phi}{\partial x^2} + \frac{\partial^2 \phi}{\partial y^2} = -\frac{\rho(x,y)}{\epsilon_0} + 4\varepsilon.$$

ϕ は (5.19) において非斉次項が真に正の場合の解ゆえ, $\max \phi$ は C 上で実現する. $\Phi(x,y) \le \phi(x,y)$ なので任意の $\varepsilon > 0$ に対して

$$\max_{(x,y)\in D} \Phi \le \max_{(x,y)\in D} \phi \le \max_{(x,y)\in C} \phi = \max_{(x,y)\in C} \{\Phi + \varepsilon(x^2 + y^2)\}$$

$$\le B + \varepsilon \max_{(x,y)\in C} (x^2 + y^2).$$

よって任意の $(x,y) \in D$ に対して $\Phi(x,y) \le B$ である.

先の二つの結果は「最大値原理」と呼ばれ, ポアソン方程式の解の挙動に対して事前情報を与えている. $\rho(x,y) \equiv 0$ なる場合の (5.19) は次の重要なラプラス方程式である.

$$\frac{\partial^2 \Phi}{\partial x^2} + \frac{\partial^2 \Phi}{\partial y^2} = 0. \tag{5.20}$$

(5.20) において正数 b と B が存在して $(x,y) \in C$ 上で次式を仮定する.

$$b \le \Phi(x,y) \le B. \tag{5.21}$$

このとき最大値原理から D 上で $\Phi(x,y) \le B$ である. さらに $-\Phi$ が (5.20) と C 上で条件 $-B \le -\Phi(x,y) \le -b$ をみたす. そこで D 上で $-\Phi(x,y) \le -b$ をみたし, D 上で (5.21) がみたされる. 換言すれば, 有界領域での (5.20) の解は境界上で最大値と最小値をとる. 興味ある読者は Protter [51] でこの分野をさらに学ぶことができる.

静電気力学の分野で導体の (静電) 容量は興味深い物理量である. 境界面 A をもつ静電位 Φ_0 なる導電体を考えよう. ここで導電体の電荷が Φ を生成している. 導体の (静電) 容量は表面上の全電荷の表面静電位に対する比として定まり, 次式で与えられる.

$$C = \frac{\epsilon_0}{\Phi_0^2} \int_{V_e} |\nabla\Phi|^2 dV. \tag{5.22}$$

領域積分は A の外部空間 V_e でなされる．この等式から容量の上界について有用な不等式が得られる．ここで (物理的解釈をさしあたって特にもたない) 新スカラー場 f と δ を導入する．

$$f(x, y, z) = \Phi(x, y, z) + \delta(x, y, z).$$

ここで f が Φ と同一の境界条件をみたすように，A 上で $\delta = 0$ とし，A から遠い所で $\delta \to 0$ とする．次式に注意せよ．

$$\int_{V_e} |\nabla f|^2 dV = \int_{V_e} |\nabla\Phi + \nabla\delta|^2 dV$$

$$= \int_{V_e} |\nabla\Phi|^2 dV + 2\int_{V_e} \nabla\delta\nabla f dV + \int_{V_e} |\nabla\delta|^2 dV,$$

よって (5.22) とグリーン (Green) の公式

$$\oint_S \phi\frac{\partial\psi}{\partial n} dS = \int_V \nabla\phi\nabla\psi dV + \int_V \phi\nabla^2\psi dV$$

およびラプラス方程式から，

$$\int_{V_e} |\nabla f|^2 dV = \frac{\Phi_0^2 C}{\epsilon_0} + 2\left[\oint_S \delta\frac{\partial\Phi}{\partial n} dS - \int_{V_e} \delta\nabla^2\Phi dV\right] + \int_{V_e} |\nabla\delta|^2 dV$$

$$= \frac{\Phi_0^2 C}{\epsilon_0} + \int_{V_e} |\nabla\delta|^2 dV. \tag{5.23}$$

最右辺の項が非負ゆえ，次の「ディリクレ (Dirichlet) 原理」が得られる．

$$C \leq \frac{\epsilon_0}{\Phi_0^2} \int_{V_e} |\nabla f|^2 dV. \tag{5.24}$$

$f = \Phi$ のとき，つまり実際の電位のとき等号が成立する．これから同一の境界条件をみたす関数 f により C の優評価が与えられる．

[例 5.19] 帯電体の容量 C はそれを完全に囲む物体の容量より小さい (図 5.3)．実際以下の通り．Φ_L を大きい帯電体のポテンシャルとする．大きい帯電体の外部 V_{eL} で $f = \Phi_L$ とし，またその内部では $f = \Phi_0$ とおくとき，f は双方の帯電体に対して同一の境界条件をみたすゆえ，

$$C \leq \frac{\epsilon_0}{\Phi_0^2} \int_{V_e} |\nabla f|^2 dV = \frac{\epsilon_0}{\Phi_0^2} \int_{V'} |\nabla\Phi_0|^2 dV + \frac{\epsilon_0}{\Phi_0^2} \int_{V_{eL}} |\nabla\Phi_L|^2 dV = C_L.$$

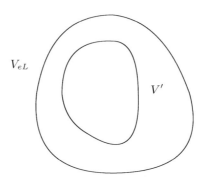

図 5.3　静電容量の上界

例えば球の容量は基本的だから直方体を球で内接または外接することで直方体の容量を粗く評価できる.

　ディリクレ原理のより巧妙な使用法に興味があれば読者は Polya and Szegö(ポリア–セゲェー) [50]*1 を参照するとよい. それによれば, 例えば任意の凸形の容量は適当な長回転楕円体より大きくなれない. 離心率 e の長回転楕円体の容量はよく知られており ([56]), 次式で与えられる.

$$C = \frac{8\pi\epsilon_0 ae}{\ln |(1+e)/(1-e)|} \tag{5.25}$$

ここで a は回転楕円体を生成する楕円の長軸である. 凸体の容量は適当な長回転楕円体より大きくなれない, ここで, 対応する回転体の長軸と短軸は考えている凸体の「平均半径」と「表面半径」にそれぞれ対応している. この二つの「半径」については参考文献を参照のこと. このエレガントな結果は (直方体の容量値の評価という) 困難な問題に対しての良い評価として用いられる.

　静電容量の他の評価法として幾何学的概念に基づく対称化法がある. 平面 P に関する与えられた物体 B の「シュタイナー (Steiner) の対称化」は B を新しい形 B' に次の方法で変形する手続きである:

- B' は P に関して対称である;
- 平面 P に垂直な直線 L が B と交わるとき, かつそのときに限り L は B' に交わり, かつその共通部分は同一長である;

---
*1 訳注：不等式に関する文献で古典的書籍である.

- $L \cap B'$ はちょうど一つの線分であり，P により二分されている (あるいは点 P に退化している).

P を対称化面と呼ぶ. 例えば元の形を半球とする.

$$B = \left\{ (x, y, z) \mid 0 < z < \sqrt{a^2 - x^2 - y^2} \right\}.$$

P を $z = 0$ なる平面とすれば新しい形

$$B' = \left\{ (x, y, z) \mid |z| < \frac{1}{2} \sqrt{a^2 - x^2 - y^2} \right\}$$

は対称化法の 3 条件をみたす. このとき B' は次の回転楕円体である.

$$\frac{x^2}{a^2} + \frac{y^2}{a^2} + \frac{z^2}{(a/2)^2} = 1.$$

対称化法は有用な性質をもつ. 第一に形 B と B' は (上の例で容易に確かめられるように) 等しい体積をもつ. 第二に，この手続きは表面積を増大させない；実際，B は表面積 S をもち，B' は表面積 S' をもつとき，$S' \leq S$. 同様な関係は形状 B と B' にそれぞれに対応する容量 C と C' の間にも成立する. すなわち，

$$C' \leq C.$$

ポリアとセゲェーはこの着想を任意形状の容量計算へと実に巧妙にもち込んだ. 主要な考え方は次のように説明できる. 既知の体積 V をもち，未知の容量 $C^{(0)}$ をもつ任意の初期形 $B^{(0)}$ から出発する. 異なる平面の系列に対して次々と対称化を行ったと考えよう. n 回の対称化の後，体積 V と容量 $C^{(n)}$ をもつ対象形 $B^{(n)}$ を得たとしよう. このとき，$C^{(n)}$ は次式をみたす.

$$C^{(n)} \leq C^{(n-1)} \leq \cdots \leq C^{(0)}.$$

$n \to \infty$ のとき体積 V の球体を得る. (5.25) において $e \to 0$ とし，球体の容量は $4\pi\epsilon_0 a$ となる. a は半径である. 体積は $V = 4\pi a^3/3$ ゆえ容量の式から a を消去し，$B^{(0)}$ に対し次式が得られる.

$$C^{(0)} \geq 4\pi\epsilon_0 \sqrt[3]{\frac{3V}{4\pi}}.$$

辺長 L の金属の直方体に対して，例えば，容量は次の下界をもつ.

$$C \geq 4\pi\epsilon_0 \sqrt[3]{\frac{3L^3}{4\pi}} \approx 7.796\epsilon_0 L.$$

5.10　行列への応用

　行列と線形代数学は多くの不等式と関係する．複素数を要素とする $n \times n$ 正方行列

$$A = \begin{pmatrix} a_{11} & \cdots & a_{1n} \\ \vdots & \ddots & \vdots \\ a_{n1} & \cdots & a_{nn} \end{pmatrix}$$

と複素転置行列

$$A^\dagger = \begin{pmatrix} \overline{a}_{11} & \cdots & \overline{a}_{n1} \\ \vdots & \ddots & \vdots \\ \overline{a}_{1n} & \cdots & \overline{a}_{nn} \end{pmatrix}$$

を考えよう．内積の記法[*1]を使うとき，任意の $x, y \in \mathbf{C}^n$ に対して $\langle x, Ay \rangle = \langle A^\dagger x, y \rangle$ である．$A = A^\dagger$ のとき A をエルミート (Helmite) 行列または自己共役行列 と呼ぶ．$x, y \in \mathbf{C}^n$ に対し $\langle x, Ay \rangle = \langle A^\dagger x, y \rangle$ から，エルミート行列 A は次式をみたす．

$$\langle x, Ay \rangle = \langle Ax, y \rangle. \tag{5.26}$$

正方行列の固有値に関する重要な不等式を導く．$Ax = \lambda_i x$ をみたす，零ベクトルでない列ベクトル x (対応する固有ベクトルと呼ぶ) が存在するとき，スカラー $\lambda_1, \lambda_2, \cdots, \lambda_n$ を A の固有値と呼ぶ．エルミート行列 A の固有値 λ は実数であることに注意する．これをみるため，λ に対応する固有ベクトル x をとり次式を得る．

$$\langle x, x \rangle \overline{\lambda} = \langle x, \lambda x \rangle = \langle x, Ax \rangle = \langle Ax, x \rangle = \langle \lambda x, x \rangle = \lambda \langle x, x \rangle.$$

$\langle x, x \rangle \neq 0$ から $\overline{\lambda} = \lambda$ を得る．行列が実行列のとき[*2]エルミート行列は対称行列: $a_{ij} = a_{ji}, 1 \le i, j \le n$ となる．ここで議論を (実) 対称行列に限定する．λ_1 と λ_2 は対称行列の相異なる 2 個の固有値で，対応する固有ベクトルは x_1 と x_2 とする．このとき x_1 と x_2 は直交している，つまり，$\langle x_1, x_2 \rangle = 0$ である．これをみるには

$$\langle x_1, x_2 \rangle \lambda_2 = \langle x_1, \lambda_2 x_2 \rangle = \langle x_1, Ax_2 \rangle = \langle Ax_1, x_2 \rangle$$

[*1] 訳注：$x, y \in \mathbf{C}^n$ に対する内積記法：$\langle x, y \rangle = \sum_{i=1}^{n} x_i \overline{y_i}$ ，例 4.6 参照.

[*2] 訳注: 行列の各要素 $\overline{a}_{ij} = a_{ij}$(実数) であるとき実行列と呼ぶ

$$= \langle \lambda_1 x_1, x_2 \rangle = \lambda_1 \langle x_1, x_2 \rangle.$$

$\lambda_1 \neq \lambda_2$ なので $\langle x_1, x_2 \rangle = 0$ となる.

次の定理は有用である.

定理 5.1 A は $n \times n$(実) 対称行列とする. $\{\lambda_i\}$ は (実) 固有値で $\lambda_1 < \lambda_2 < \cdots < \lambda_n$ をみたすものとする. $x \in \mathbf{R}^n$ に対し 2 次形式[*1] $Q(x) = \langle x, Ax \rangle$ を定義する. このとき, 任意の $x \in \mathbf{R}^n$ に対して,

$$\lambda_1 \|x\|^2 \leq Q(x) \leq \lambda_n \|x\|^2.$$

証明 $\{x_1, \cdots, x_n\}$ を対応する固有ベクトルとする. 各 x_i に対して $\|x_i\| = 1$ を仮定する (そうでないとき x_i を $x_i/\|x_i\|$ で置き換える). 既に述べられたように $\{x_1, \cdots, x_n\}$ は正規直交系となる. よってこれらは一次独立となり, $\mathbf{R}^n$ の基底になる. そこで係数 $\{c_i\}$ が定まり, 次式が得られる.

$$x = \sum_{i=1}^{n} c_i x_i.$$

よって,

$$Q(x) = \left\langle \sum_{i=1}^{n} c_i x_i, A \sum_{j=1}^{n} c_j x_j \right\rangle = \left\langle \sum_{i=1}^{n} c_i x_i, \sum_{j=1}^{n} c_j \lambda_j x_j \right\rangle = \sum_{j=1}^{n} c_i^2 \lambda_i$$

となり,

$$Q(x) \leq \lambda_n \sum_{j=1}^{n} c_i^2 = \lambda_n \|x\|^2$$

である. 同様に, $\lambda_1 \|x\|^2 \leq Q(x)$ である. $\square$

定理 5.2 (シルベスター (Sylvester) の判定規則) A は $n \times n$(実) 対称行列とする. $x \in \mathbf{R}^n$ に対して $Q(x) = x^T Ax = \langle x, Ax \rangle$ で定義される 2 次形式が正定値であるための必要十分条件は次の行列式が全て正であることである.

$$|a_{11}|, \quad \begin{vmatrix} a_{11} & a_{12} \\ a_{21} & a_{22} \end{vmatrix}, \cdots, \begin{vmatrix} a_{11} & \cdots & a_{1n} \\ \vdots & \ddots & \vdots \\ a_{n1} & \cdots & a_{nn} \end{vmatrix}.$$

[*1] 訳注：$Q(x)$ は $x \in \mathbf{R}^n$ を独立変数とする斉次 (同次)2 次多項式となる.

証明　線形代数学では, $x \neq 0$ である限り $Q(x) = x^T A x > 0$ であるとき, $n \times n$ 対称行列 A を正定値と呼ぶことを思い出そう. ここでは $n = 2$ の場合を証明し, 一般の場合は Gelfand[25] を参照のこと. $Q(x)$ が正定値と仮定する. これは $x \neq 0$ のとき $Q(x) > 0$ を意味する. そこで $x = \begin{pmatrix} x_1 \\ 1 \end{pmatrix}$. $x \neq 0$ ゆえ任意の x_1 に対して $Q(x) = a_{11}x_1^2 + 2a_{12}x_1 + a_{22} > 0$ であり, 第 1 章の 2 次不等式の議論から

$$\Delta = \begin{vmatrix} a_{11} & a_{12} \\ a_{21} & a_{22} \end{vmatrix} > 0.$$

逆は同様にして証明される.　　　　　　　　　　　　　　　　　　　□

定理 5.3 (n 変数の 2 次導関数判定)　U は $\mathbf{R}^n$ の開集合である. $f(x) \in C^2(U)$ とする. $x_0 \in U$ で $f'(x_0) = 0$ と $f''(x_0)$ が正定値と仮定する. このとき $f(x_0)$ は x_0 で局所最小値である. つまり, $0 < \|x - x_0\| < \delta$ のとき $f(x) > f(x_0)$ である正数 δ が取れる.

証明　使われる用語について説明したい. $f(x) \in C^2(U)$ とは $\{x_1, \cdots, x_n\}$ に関する第 1 次と第 2 次偏導関数が U 上で全て存在し, それらが連続であることを意味する. $f'(x_0)$ は長さ n の順列で, 行ベクトル $(\partial f(x_0)/\partial x_1, \cdots, \partial f(x_0)/\partial x_n)$ で表すことができる. 第 2 次導関数 $f''(x_0)$ は (i, j) 要素が $\partial^2 f(x_0)/\partial x_i \partial x_j$ なる $n \times n$ 行列を意味する (またはヘシアン (Hessian) とも呼ぶ). x が列ベクトル $\begin{pmatrix} x_1 \\ \vdots \\ x_n \end{pmatrix}$ のとき転置 x^T は行ベクトル $(x_1, \cdots, x_n)$ を表す. シルベスターの判定規則から $f''(x_0)$ が正定値のとき, かつそのときに限り

$$\left| \frac{\partial^2 f}{\partial x_1^2} \right|, \quad \begin{vmatrix} \dfrac{\partial^2 f}{\partial x_1^2} & \dfrac{\partial^2 f}{\partial x_1 \partial x_2} \\ \dfrac{\partial^2 f}{\partial x_1 \partial x_2} & \dfrac{\partial^2 f}{\partial x_2^2} \end{vmatrix}, \cdots, \begin{vmatrix} \dfrac{\partial^2 f}{\partial x_1^2} & \cdots & \dfrac{\partial^2 f}{\partial x_1 \partial x_n} \\ \vdots & \ddots & \vdots \\ \dfrac{\partial^2 f}{\partial x_n \partial x_1} & \cdots & \dfrac{\partial^2 f}{\partial x_n^2} \end{vmatrix}$$

は点 x_0 で全て正である. このとき n 変数の符号保存性を適用し, この点 x_0 の近くで上記行列式の値が全て正となる. 正数 δ を, $\|x - x_0\| < \delta$ なる x で上記

の行列式が全て正であるように取る. そこで $0 < \|\Delta x\| < \delta$ とし, n 変数関数 $f(x)$ に対して, テイラーの定理の等式 (2.4) を適用する.

$$f(x_0 + \Delta x) = f(x_0) + f'(x_0)\Delta x + \frac{1}{2}(\Delta)^T f''(\xi)(\Delta x).$$

ここで ξ は x_0 と $x_0 + \Delta x$ を端点とする線分の内部上に適当に取れる ([37,17] 参照). $f'(x_0) = 0$ であるので, $f''(\xi)$ が正定値だから結論は明らかである. □

正方行列の他の有用な概念としてトレース $\mathrm{tr}[M]$ があり, これは行列 M の対角要素の和として定義される. $B = A^\dagger A$ とすると $b_{ij} = \sum_{k=1}^n \overline{a}_{ki}a_{kj}$ で, B のトレースは次式で与えられる.

$$\sum_{m=1}^n b_{mm} = \sum_{m=1}^m \sum_{m=1}^m \overline{a}_{km}a_{km} = \sum_{m=1}^m \sum_{m=1}^m |a_{km}|^2 \geq 0.$$

そこで $\mathrm{tr}[A^\dagger A] \geq 0$ であり, 等号は A が零行列のとき, かつそのときに限り成立する. この簡単な結果を行列の固有値に関するある不等式の導出に用いる. I が A と同じ次数の単位行列のとき, $\lambda x - Ax = \lambda I x - Ax = (\lambda I - A)x$ だから, 固有値は特性方程式 $\det(\lambda I - A) = 0$ の解として容易に計算できる. 任意の正方行列 S に対してユニタリ行列 U(i.e., $U^{-1} = U^\dagger$) が存在して $U^\dagger SU$ が上三角行列とできる. この上三角行列 $T = U^\dagger SU$ を S とユニタリ相似であると呼ぶ.

$$\det(\lambda I - T) = \det(\lambda U^\dagger I U - U^\dagger SU)$$
$$= \det(U^{-1})\det(\lambda I - S)\det(U)$$
$$= \det(\lambda I - S)$$

ゆえ, 明らかに T は S と同一の固有値をもつ. さらに T の固有値は対角要素に沿って存在する. 次の事項を用いる. A は固有値 $\lambda_1, \cdots, \lambda_n$ をもつ正方行列とする. このとき $B = U^\dagger AU$ は上三角行列であり,

$$BB^\dagger = (U^\dagger AU)(U^\dagger AU)^\dagger$$
$$= (U^\dagger AU)((AU)^\dagger U)$$
$$= (U^\dagger AU)(U \dagger A^\dagger U)$$
$$= U^\dagger AA^\dagger U$$

となり[*1]，$BB^\dagger$ は $AA^\dagger$ とユニタリ相似である．行列のトレースは固有値の和であることと，$\mathrm{tr}[BB^\dagger] = \mathrm{tr}[AA^\dagger]$, つまり，

$$\sum_{i=1}^n \sum_{j=1}^n |a_{ij}|^2 = \sum_{i=1}^n \sum_{j=1}^n |b_{ij}|^2$$

が成立する．ここで B が A とユニタリ相似な上三角行列であるから

$$\sum_{i=1}^n \sum_{j=1}^n |b_{ij}|^2 = \sum_{i=1}^n \left[\sum_{j=1}^{i-1} |b_{ij}|^2 + |b_{ii}|^2 + \sum_{j=i+1}^n |b_{ij}|^2 \right]$$

$$= \sum_{i=1}^n |\lambda_i|^2 + \sum_{i=1}^n \sum_{j=i+1}^n |b_{ij}|^2.$$

よって

$$\sum_{i=1}^n \sum_{j=1}^n |a_{ij}|^2 \geq \sum_{i=1}^n |\lambda_i|^2.$$

これが「シュール (Schur) の不等式」であり，等号は

$$\sum_{i=1}^n \sum_{j=i+1}^n |b_{ij}|^2 = 0$$

であるとき (i.e., B が対角行列のとき)，かつそのときに限り成立する．

[**例 5.20**]　シュールの不等式は個々の固有値の大きさの粗い上界を求めるとき応用できる．実際に

$$|\lambda_i|^2 \leq \sum_{j=1}^n |\lambda_j|^2 \leq \sum_{i=1}^n \sum_{j=1}^n |a_{ij}|^2 \leq n^2 \max |a_{ij}|^2.$$

これより $|\lambda_i| \leq n \max |a_{ij}|, i = 1, \cdots, n.$

[**例 5.21**]　シュールの不等式を算術平均・幾何平均不等式と結びつけ，A の行列式の上界を求めるのにも応用できる．そのために正方行列の行列式はその固有値の積であることを思い出し次式が得られる．

$$|\det A| = \left| \prod_{i=1}^n \lambda_i \right| = \prod_{i\,1}^n |\lambda_i|.$$

[*1] 訳注：一般に $(M_1 M_2)^\dagger = M_2^\dagger M_1^\dagger$ である．

これより

$$|\det A|^{2/n} = \sqrt[n]{\prod_{i=1}^{n} |\lambda_i|^2} \le \frac{1}{n}\sum_{i=1}^{n} |\lambda_i|^2 \le \frac{1}{n}\sum_{i=1}^{n}\sum_{j=1}^{n} |a_{ij}|^2$$

$$\le \frac{1}{n}n^2 \max |a_{ij}|^2$$

から,

$$|\det A| \le n^{n/2}(\max |a_{ij}|)^n.$$

ベクトルと行列のノルムの議論にも不等式が現れる. 列ベクトル $X = (x_1, \cdots, x_n)^T$ に L_p ノルムと呼ばれるスカラー値を次式で定義する.

$$\|X\|_p = \left(\sum_{i=1}^{n} |x_i|^p\right)^{1/p}.$$

ここで $p = 1, 2, \cdots, \infty$. 特に

$$\|X\|_2 = \left(\sum_{i=1}^{n} |x_i|^2\right)^{1/2}$$

をユークリッド・ノルムまたは L_2 ノルムと呼ぶ. このノルムは工学系で多くの応用をもつ. 同様に次式で定義される L_1 ノルムにも応用が多い.

$$\|X\|_1 = \sum_{i=1}^{n} |x_i|. \tag{5.27}$$

$p = \infty$ の場合には $\|X\|_\infty = \max |x_i|$ と解する.

不等式はいろいろなノルムを他のノルムと比較する際に有効である. 例えば, 読者はしばし一服して次の不等式を検証するのも一興と思う.

$$\|X\|_2 \le \sqrt{n}\|X\|_\infty, \quad (\|X\|_2)^2 \le \|X\|_1\|X\|_\infty.$$

ベクトルのノルム $\|X\|_p$ を用いて $n \times n$ 行列 A に対して (誘導) ノルムを次式で定義する[*1].

$$\|A\|_p = \max_{X \ne 0} \frac{\|AX\|_p}{\|X\|_p}. \tag{5.28}$$

[*1] 訳注 : 作用素ノルムともいう.

任意の X に対して $\|AX\|_p \leq \|A\|_p\|X\|_p$ となり，ある X に対して $\|AX\|_p = \|A\|_p\|X\|_p$ が得られる．$\|X\|_2$ がベクトルの長さを計測するものとして最も自然なものだが $\|A\|_2$ は一般には計算が困難である．そのため，$p = 1$ や $p = \infty$ は頻繁に使われる．$\|A\|_1$ は「最大の列和」，i.e.,

$$\|A\|_1 = \max_{1 \leq j \leq n} \left\{ \sum_{i=1}^{n} |a_{ij}| \right\}$$

であり，$\|A\|_\infty$ は「最大の行和」で与えられる．一般に使われる他の行列ノルムとしてフロベニウス・ノルム (Frobenius norm),

$$\|A\|_F = \sqrt{\sum_{i=1}^{n} \sum_{j=1}^{n} |a_{ij}|^2} = \sqrt{\mathrm{tr}[A^\dagger A]}$$

とキュービック・ノルム (cubic norm)

$$\|A\|_C = n \max |a_{ij}|$$

がある．各種行列ノルムに共通に成立つ性質に次のものがある．

$$\|AB\| \leq \|A\|\|B\|.$$

ここで A, B は次数の同じ任意の正方行列である．フロベニウス・ノルムがこの一般的性質をみたすことは容易に示せる．コーシー・シュワルツの不等式から

$$\|AB\|_F = \sqrt{\sum_{i=1}^{n} \sum_{j=1}^{n} \left| \sum_{k=1}^{n} a_{ik} b_{kj} \right|^2}$$

$$\leq \sqrt{\sum_{i=1}^{n} \sum_{j=1}^{n} \sum_{k=1}^{n} |a_{ik}|^2 \sum_{m=1}^{n} |b_{mj}|^2}$$

$$= \sqrt{\sum_{i=1}^{n} \sum_{k=1}^{n} |a_{ik}|^2 \sum_{j=1}^{n} \sum_{m=1}^{n} |b_{mj}|^2}$$

$$= \|A\|_F \|B\|_F.$$

これが求めるものである．同様な性質をキュービック・ノルムに対しても容易に示せる．次の性質

$$\|A\|_2 \leq \|A\|_F \leq \sqrt{n}\|A\|_2$$

も興味あり $\|A\|_2$ の難しい計算を避ける評価法を我々に示している．

　与えられたベクトルのノルムに対して行列ノルムが「適切である」とは，任意の X に対し常に次式が成立するときにいう.

$$\|AX\| \le \|A\| \, \|X\|$$

例えば $\|A\|_2$ と $\|A\|_F$ は双方とも $\|X\|_2$ に対して適切である. 不等式 (5.28)

$$\|AX\|_p \le \|A\|_p \|X\|_p$$

はある $x \ne 0$ で等号が成立するという意味で「最良である」. しかしフロベニウス・ノルムはその意味で最良でない (演習 5.15). $\|A\|_F$ は計算が容易である一方，上記の意味における最良性を放棄したわけである. つまり作用素ノルムとして，サイズが過剰評価されている. 任意の適切な行列ノルムに対して

$$\|\lambda_i X\| = |\lambda_i| \|X\| = \|AX\| \le \|A\| \, \|X\|$$

と固有ベクトルは零でないから, $i = i, \cdots, n$ に対して

$$|\lambda_i| \le \|A\|$$

が得られる. A の固有値の絶対値の最大値を行列 A のスペクトル半径 $\rho[A]$ として定義する[*1]. 明らかに

$$\rho[A] \le \|A\|.$$

この特別な事例は既に例 5.20 で出合っている. そこではキュービック・ノルムが有効であった. Stoer and Bulirsch [55] の定理 6.9.2 にスペクトル半径について詳しい性質が紹介されている. Marcus and Minc [42] において行列における不等式がより一般的に議論されている. Lütkepohl [40] は行列について良い参考となる.

5.11　信号解析の話題

　1 周期分の矩形波

$$w(t) = \begin{cases} -\pi/2 & -\pi \le t < 0 \text{ のとき,} \\ \pi/2 & 0 \le t < 0 < \pi \text{ のとき} \end{cases}$$

を考えよう. 先に述べたことから, $w(t)$ は次のフーリエ級数で表される.

$$w(t) = 2 \sum_{n=1}^{\infty} \frac{\sin(2n-1)t}{2n-1}. \tag{5.29}$$

[*1] ノルムとして扱える

波形 $w(t)$ は $t = 0$ で不連続ジャンプがあり，フリーエ級数の (有限) 打切りはこのジャンプでオーバシュート (overshoot) を起こすこと (ギブス (Gibbs) 現象) は良く知られている．ここではオーバシュートの量を求めてみよう ([41] 参照)．級数の第 m 部分和を $S_{wm}(t)$ で示す．微分して

$$\frac{dS_{wm}(t)}{dt} = 2\sum_{n=1}^{\infty} \cos(2n-1)t.$$

等式

$$\sum_{n=1}^{m} \cos(2n-1)t \equiv \frac{1}{2}\frac{\sin 2mt}{\sin t}$$

を用い，次に積分をして，

$$S_{wm}(t) = \int_0^t \frac{\sin 2m\tau}{\sin \tau}d\tau.$$

次に

$$\Delta_m(t) = \left| S_{wm}(t) - \int_0^t \frac{\sin 2m\tau}{\tau}d\tau \right| \qquad (5.30)$$

とし (後にこのようにおく理由が明瞭になる)，次式を得る．

$$\Delta_m(t) = \left| \int_0^t \sin 2m\tau \frac{\tau}{\sin \tau}\left(\frac{1}{\tau} - \frac{\sin \tau}{\tau^2}\right)d\tau \right|$$

$$\leq \int_0^t |\sin 2m\tau|\left|\frac{\tau}{\sin \tau}\right|\left|\frac{1}{\tau} - \frac{\sin \tau}{\tau^2}\right|d\tau.$$

ジョルダンの不等式から，$0 \leq \tau \leq \pi/2$ に対して $\sin \tau \geq 2\tau/\pi$．さらに，

$$\frac{1}{\tau} - \frac{\sin \tau}{\tau^2} = \frac{\tau}{3!} - \frac{\tau^3}{5!} + \frac{\tau^5}{7!} - \cdots,$$

そこで小さい正数 τ に対して

$$0 < \frac{1}{\tau} - \frac{\sin \tau}{\tau^2} < \frac{\tau}{3!}$$

および

$$\Delta_m(t) \leq \int_0^t \frac{\pi}{2}\cdot\frac{\tau}{3!}d\tau = \frac{\pi}{24}t^2$$

が成り立つ．そこで任意の $\varepsilon > 0$ に対して $T > 0$ が存在して，$0 \leq t \leq T$ である限り $\Delta_m(t) < \varepsilon$ である．$m > \pi/2T$ に対して $t = \pi/2m$ と選び，(5.30) の

変数変換の後,

$$\left| S_{wm}\left(\frac{\pi}{2m}\right) - \int_0^\pi \frac{\sin\tau}{\tau}d\tau \right| < \varepsilon \tag{5.31}$$

を得る.

$$\int_0^\pi \frac{\sin\tau}{\tau}d\tau = \int_0^\infty \frac{\sin\tau}{\tau}d\tau - \int_\pi^\infty \frac{\sin\tau}{\tau}d\tau = \frac{\pi}{2} - \int_\pi^\infty \frac{\sin\tau}{\tau}d\tau$$

と (5.31) とから

$$\left| \left[S_{wm}\left(\frac{\pi}{2m}\right) - \frac{\pi}{2}\right] - \left[-\int_\pi^\infty \frac{\sin\tau}{\tau}d\tau \right] \right| < \varepsilon$$

が得られる. $t = 0$ における不連続性によるジャンプの右側で級数と $w(t)$ との差は

$$-\int_\pi^\infty \frac{\sin\tau}{\tau}d\tau \approx 0.281$$

である. これはジャンプ高さ π のおおよその 9%であり, これは m に関して独立である. ギブスのオーバシュートは十分大なる m を選んでも除去できない. これは (5.29) における関数級数の収束が一様でない事実に基づいている.

周期的でない信号 $f(t)$ に対してフーリエ変換

$$\mathcal{F}[f(t)] = F(\omega) = \int_{-\infty}^\infty f(t)e^{-i\omega t}dt$$

と逆変換

$$\mathcal{F}^{-1}[F(\omega)] = f(t) = \frac{1}{2\pi}\int_{-\infty}^\infty F(\omega)e^{i\omega}d\omega$$

は ω の関数として周波数成分の研究に用いられている. n 回部分積分して

$$\mathcal{F}\left[\frac{d^n f(t)}{dt^n}\right] = (i\omega)^n F(\omega) \tag{5.32}$$

となり,

$$|\omega^n F(\omega)| = \left| \frac{1}{i^n}\int_{-\infty}^\infty \frac{d^n f(t)}{dt^n}e^{-i\omega}dt \right| \le \int_{-\infty}^\infty \left| \frac{d^n f(t)}{dt^n} \right| dt$$

であり, f のスペクトルに対して $n = 0, 1, 2, \cdots$ として次式を得る.

$$|F(\omega)| \le \frac{1}{|\omega^n|}\int_{-\infty}^\infty \left| \frac{d^n f(t)}{dt^n} \right| dt.$$

この不等式は我々に次のことを教えている．すなわち時間に関して急激に変動する信号成分 (つまり，十分大なる n における n 次導関数に依存する成分) は高周波数部分にスペクトルをもつ，あるいは短持続信号は広い周波数帯域をもつ．この考え方を定量的に定めるため，$f(t)$ の持続を計測する必要があり，そのため 2 次モーメント (積分)

$$D^2 = \int_{-\infty}^{\infty} t^2 f^2(t) dt$$

とスペクトルのバンド幅

$$B^2 = \int_{-\infty}^{\infty} \omega^2 |F(\omega)|^2 d\omega$$

を用いる．「不確定性原理」によれば $f(t) = o(|t|^{-1/2})$ のとき[1]

$$DB \geq \sqrt{\pi/2} \tag{5.33}$$

である．(5.33) を得るために積分に関するコーシー・シュワルツの不等式を使うと

$$\left| \int_{-\infty}^{\infty} [tf(t)] \left(\frac{df}{dt} \right) dt \right|^2 \leq \int_{-\infty}^{\infty} [tf(t)]^2 dt \int_{-\infty}^{\infty} \left(\frac{df}{dt} \right)^2 dt$$

である．部分積分して

$$\int_{-\infty}^{\infty} [tf(t)] \left(\frac{df}{dt} \right) dt = \int_{-\infty}^{\infty} tf(t) df(t) = t\frac{f^2(t)}{2} \Big|_{-\infty}^{\infty} - \int_{-\infty}^{\infty} \frac{f^2(t)}{2} dt$$

を得る．ここで最右辺の第 1 項は f の o 条件で消失する[1]．積分

$$E = \int_{-\infty}^{\infty} f^2(t) dt$$

は信号 f の正規化エネルギーと呼ぶ．一般性を失わずに $E = 1$ とおくとき，

$$\frac{1}{4} \leq D^2 \int_{-\infty}^{\infty} \left(\frac{df}{dt} \right)^2 dt$$

を得る．(5.32) と次のパーセバルの等式

$$2\pi \int_{-\infty}^{\infty} f^2(t) dt = \int_{-\infty}^{\infty} |F(\omega)|^2 d\omega$$

から (5.33) を得る．容易に示されるように (演習 5.16)，f がガウス・パルスのとき最小持続-バンド幅積は実現 (i.e., (5.33) で等号が成立) する．

---

[1] 訳注：$f(t) = o(|t|^{-1/2}), |t| \to \infty$ のとき．

5.12 力学系の安定性と制御

広範な連続時間系は初期値問題

$$
\begin{cases}
\dfrac{dx(x)}{dt} = f(x(t)) & (t \geq t_0), \\
x(t_0) = x_0
\end{cases}
$$

としてモデル化できる．ここで $x(t)$ は系の N 次元の状態ベクトルであり，系の構造は関数 f に反映される．この系は自励系である (外力はない)．ベクトル x の可能な状態全体を系の状態空間と呼び，状態空間内の解曲線が系の軌道である．

安定性理論は (必ずしも望ましくはない) 撹乱に対する系の感じ易さを議論したものといえる．その関心事項は「平衡状態」に対する撹乱である．ここで平衡状態 x_e とは，$t \geq t_0$ である限り常に $f(x_e(t)) = 0$ をみたす値 $x = x_e$ を意味する．x_e は適当な座標変換で状態空間の原点に変換できるので慣習として $x_e = 0$ と取る．もし x_e が不安定であれば微小撹乱により系内の軌道は x_e から離れるし，安定であれば，x_e のある小さい近傍に軌道は留まるか，もしくは x_e に近づく．安定性について幾つかの概念を技術的な形で提案しよう．ここで $x_e = 0$ とおく[*1]．

- 任意の $\varepsilon > 0$ に対して $\delta(\varepsilon) > 0$ が存在して $\|x(t_0)\| < \delta$ であれば $t > t_0$ に対して常に軌道が $\|x(t)\| < \varepsilon$ をみたすとき，「リャプノフ (Lyapunov) の意味で安定である」という．

- リャプノフの意味で安定であり，さらに $\gamma > 0$ が存在して $\|x(t_0)\| < \gamma$ である限り得られた軌道が $t \to \infty$ に対して $\|x(t)\| \to 0$ となるとき，「漸近安定である」という．

- 正数 α, λ が存在して，初期状態 x_0 が x_e に十分近いときに任意の $t > t_0$ に対して $\|x(t)\| \leq \alpha \|x_0\| e^{-\lambda t}$ が得られるならば，「指数型安定である」という．

リャプノフ理論は $x(t)$ についての具体的知識なしに安定性について判断を下すことができる．この理論は極めて広いのでここでは読者にその基本的な点を少しだけ述べるに留めたい．主要な点は平衡状態が散逸的であればどんな撹乱に対しても平衡状態に戻ることである．平衡状態は系の最小エネルギーの点であ

[*1] 訳注：$f(x_e) = 0$ である．よって以降 $f(0) = 0$ と仮定できる．

り，任意の軌道はこの平衡点に支配され，系のエネルギーは連続的に減少しつづ
ける．ここでリャプノフ関数と呼ばれる一般化 (された) エネルギー関数 $V(x)$
を用いよう．$F(x)$ は状態空間で連続かつ連続な偏導関数をもち，Ω は $x = 0$
を含む領域であると仮定しよう．$F(x)$ が Ω で正定値であるとは，$F(0) = 0$ で
あり，任意の零でない $x \in \Omega$ に対して $F(x) > 0$ であることである．$F(x)$ が
Ω で負半定値であるとは，$F(0) = 0$ であり，任意の零でない $x \in \Omega$ に対して
$F(x) \leq 0$ であることである．同様にして正半定値と負定値なる用語を定義で
きる．

　ここで安定性についての簡単な結果を述べることができる．もし正定値 $V(x)$
でかつ dV/dt が負半定値である関数を系から定めることができれば，平衡点
$x = 0$ はリャプノフの意味で安定である．ここで dV/dt は $dV(x(t))/dt$ を意味
する．これを $dV(x)/dt$ とも書く．

　$\varepsilon > 0$ が与えられている．$S_\varepsilon = \{x \mid \|x\| = \varepsilon\}$ とする．S_ε は有界で閉集
合ゆえ，1 変数のときと同様に $V(x)$ は S_ε 上で最小値 m をとる．$x = 0$ に
関して $V(x)$ は正定値ゆえ $m > 0$ に注意する．$x = 0$ での V の連続性から
$\varepsilon > \delta > 0$ なる δ が存在し，任意の $\|x\| < \delta$ に対して $V(x) \leq m/2$ とできる．
$dV(x)/dt$ が負半定値ゆえ $V(x(t))$ は t に関して非増加である．それゆえ初期条
件を $\|x(t_0)\| \leq \delta$ とおくとき，$t > t_0$ である限り $V(x(t)) \leq V(x(t_0)) \leq m/2$
である．これより $t > t_0$ のとき $\|x(t)\| < \varepsilon$ が主張できる．これを見るため結
果を否定すれば $t > t_0$ に対し $\|x(t)\| \geq \varepsilon$．$\|x(t_0)\| \leq \delta < \varepsilon$ ゆえ $0 < t' \leq t$ で
$\|x(t')\| = \varepsilon$ なる中間的値 t' が存在する[*1]．しかし S_ε 上で $V(x) \geq m$ であり，
$t > t_0$ に対して $V(x) \leq m/2$ であることに矛盾する．

　さらに $dV(x)/dt$ が負定値とすると，$x = 0$ は漸近安定である．幾何学的に
は等高線または等高面 $V(x) = $ 定数 > 0 を思い浮かべる (図 5.4)．x をこの等
高面上にあるとする．$x \neq x_e$ ゆえ $dV(x)/dt < 0$ である．合成関数の微分法則
から

$$\frac{dV(x)}{dt} = (\nabla V(x))^T f(x) \tag{5.34}$$

となり，$\nabla V(x)$ は等高面に対して外向き法線方向を表し，$f(x)$ は解曲線に沿
う接線ベクトルを与えている．行列の積 $(\nabla V(x))^T f(x)$ はベクトルの内積を示
し，2 ベクトルのノルムの積とおよびそのなす角の余弦との積である．余弦の

[*1] 訳注：定理 2.2 の最初の主張，中間値の定理の適用による．

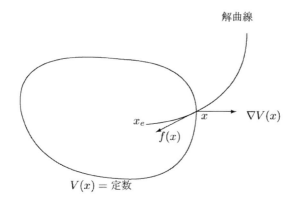

図 5.4 リャプノフ関数

値が負ゆえ, 解 (曲線) は等高面の内向きを向いている. よって解は等高面から出発するとその内部へ入り, そこから出ることはなく, 全時間を通じて有界に留まる, あるいは, $t \to \infty$ のとき x_e に近づく. リャプノフ関数 $V(x)$ はしばしば実際のエネルギーに対応することがあるが, いつもというわけではない.

[例 5.22]　特性 $k(x + x^3)$ なる非線形バネに取り付けた質点 m を考えよう. x は平衡の位置から質点までの距離を示す. 質点はダッシュポット (緩衝器) に浸され摩擦力 $c(dx/dt)$ を受けている ($c > 0$ は定数). 支配微分方程式は以下の通り.

$$mx'' + cx' + k(x + x^3) = 0.$$

微分方程式は $x' = y$ とおいて次の 1 階微分方程式系に変換される.

$$\frac{dx}{dt} = y, \quad \frac{dy}{dt} = -\frac{k}{m}(x + x^3) - \frac{c}{m}y.$$

運動エネルギーとポテンシャルエネルギーは次式で与えられる.

$$KE = \frac{1}{2}mv^2 = \frac{1}{2}my^2, \quad PE = \int k(x + x^3)dx = k\left(\frac{x^2}{2} + \frac{x^4}{4}\right).$$

全エネルギーはリャプノフ関数の候補なので次式を考える

$$V\begin{pmatrix} x \\ y \end{pmatrix} = k\left(\frac{x^2}{2} + \frac{x^4}{4}\right) + \frac{1}{2}my^2. \tag{5.35}$$

(5.34) から

$$\frac{dV}{dt}\begin{pmatrix} x \\ y \end{pmatrix} = \left(\nabla V \begin{pmatrix} x \\ y \end{pmatrix} \right)^T f \begin{pmatrix} x \\ y \end{pmatrix} = -cy^2. \tag{5.36}$$

(5.34) と (5.36) から V は正定値で dV/dt は負半定値であり，システムは安定である．物理的直観からこの緩衝システムは漸近安定であるべきであるが，残念ながらこの V の選択では V の導関数は x 軸に沿って零ゆえ

$$\begin{pmatrix} x \\ y \end{pmatrix} \neq \begin{pmatrix} 0 \\ 0 \end{pmatrix} \text{ のとき,} \quad \frac{dV}{dt}\begin{pmatrix} x \\ y \end{pmatrix} < 0$$

は不成立である (負定値でない!)．適当に変更して次式を与えよう．

$$V\begin{pmatrix} x \\ y \end{pmatrix} = k\left(\frac{x^2}{2} + \frac{x^4}{4} \right) + \frac{1}{2}my^2 + \beta\left(xy + \frac{c}{m}\frac{x^2}{2} \right).$$

よって再び (5.34) を使い，

$$\frac{dV}{dt}\begin{pmatrix} x \\ y \end{pmatrix} = (-c+\beta)y^2 - \frac{\beta k}{m}(x^2 + x^4).$$

$0 < \beta < c$ とすれば dV/dt は負定値である．V を正定値としたい．

$$V\begin{pmatrix} x \\ y \end{pmatrix} = \frac{kx^4}{4} + W\begin{pmatrix} x \\ y \end{pmatrix}$$

のように書こう．ここで

$$W\begin{pmatrix} x \\ y \end{pmatrix} = \left(\frac{k}{2} + \frac{\beta c}{2m} \right) x^2 + \beta xy + \frac{m}{2}y^2$$

を次のように 2 次形式として書こう．

$$W\begin{pmatrix} x \\ y \end{pmatrix} = \begin{pmatrix} x \\ y \end{pmatrix}^T \begin{pmatrix} a_{11} & a_{12} \\ a_{21} & a_{22} \end{pmatrix} \begin{pmatrix} x \\ y \end{pmatrix}.$$

ここで $a_{11} = k/2 + \beta c/2m$, $a_{12} = a_{21} = \beta/2$, $a_{22} = m/2$ とする．定理 5.2 より a_{ij} を要素とする行列 A が対称ゆえさらに

$$a_{11} > 0 \text{ と行列式} \begin{vmatrix} a_{11} & a_{12} \\ a_{21} & a_{22} \end{vmatrix} > 0 \tag{5.37}$$

であれば W は正定値である．容易にわかるが $\beta = c/2$ のとき (5.37) がみたされる．よって W と V が正定値である．$0 < \beta < c$ ゆえ dV/dt は負定値である．

言い換えればこの系は原点で漸近安定である．この比較的簡単な系でもリャプ
ノフ関数はすぐに見つかるとは限らない．$m = k = c = 1$ と $\beta = 1/2$ として
続ける．定理 5.1 より 2 次形式 W は次式をみたす．

$$\lambda_1(x^2 + y^2) \leq W \leq \lambda_2(x^2 + y^2).$$

ここで A の固有値は次式で与えられる．

$$\lambda_1 = \frac{5 - \sqrt{5}}{8} \quad \text{と} \quad \lambda_2 = \frac{5 + \sqrt{5}}{8}.$$

$V = (x^4/4) + W$ だから

$$\frac{x^4}{4} + \lambda_1(x^2 + y^2) \leq V \leq \frac{x^4}{4} + \lambda_2(x^2 + y^2). \tag{5.38}$$

ここで

$$\frac{dV}{dt} = -\frac{x^2 + y^2}{2} - \frac{x^4}{2}$$

なので (5.38) の $x^2 + y^2$ の部分に代入して次式を得る．

$$V \leq \frac{x^4}{4} + \lambda_2\left(-2\frac{dV}{dt} - x^4\right) \leq -2\lambda_2\frac{dV}{dt}.$$

これより

$$V(t) \leq V(0)e^{-(t/2)\lambda_2}$$

が得られる．(5.38) と

$$\lambda_1 x^2 \leq \frac{x^4}{4} + \lambda_1(x^2 + y^2) \leq V$$

から次の結果を得る．

$$|x(t)| \leq \sqrt{\frac{V(0)}{\lambda_1}}e^{-(t/4)\lambda_2}.$$

同様に $|y(t)|$，したがって $\|(x, y)^T\|$ が指数関数で上から押さえられ，原点で指
数型安定である．リャプノフ理論をさらに学びたい読者は文献 [11, 32, 35] を参
考にすると良い．

　入力信号を伴う系を考えるとき，安定性の他の概念が必要になる．本質的
な疑問は有界な入力は常に有界な出力を与えるかというものである．それが
成立するときその系は有界入力–有界出力安定性」(bounded input; bounded-
output)(BIBO) と呼ばれる．より正確には系が「BIBO 安定である」とは，定

数 I が存在して任意の t に対して入力が $|u(t)| \leq B$ であるとき出力 $y(t) \leq BI$ が任意の t に対して成立する場合にいう. 多くの工学的状況で系は線形で定常 (linear time-invariant, LTI) である. これは方程式 $L[y] = u$ の形でモデル化できる. ここで作用素 L は定常で線形である, 例えば定数係数, 線形微分方程式

$$L = a_n \frac{d^n}{dt^n} + \cdots + a_1 \frac{d}{dt} + a_0$$

なる形である. 初期値が零値である場合 (緩和 LTI 系の場合), 関数 $h(t)$ が存在して任意の入力 $u(t)$ に対して出力が次式で与えられる.

$$y(t) = h(t) * u(t) = \int_0^\infty h(\tau) u(t - \tau) d\tau.$$

上記の系の重み関数 $h(t)$ を知っていれば, 与えられた任意の入力に対して出力を定めることができる. 目的的の系では入力以降の出力を知りたいから $t < 0$ に対して $h(t) \equiv 0$ とする. 有界な入力に対して

$$|y(t)| \leq \int_0^\infty |h(\tau)||u(t - \tau)|d\tau \leq B_1 \int_0^\infty |h(\tau)|d\tau$$

ゆえ, BIBO 安定性への十分条件として $[0, \infty)$ 上で絶対可積分条件:

$$\int_0^\infty |h(t)|dt = B_2 < \infty$$

が得られる. 逆に系が BIBO 安定性をもつと仮定する. 入力が B で押さえられているとき, 出力が M で押さえられているといるとしよう. 特に $B = 1$ としよう. このとき

$$\int_0^\infty |h(t)|dt < \infty$$

である. 実際にもしそうでなければ, T が存在して

$$\int_0^T |h(t)|dt > M$$

とする.

$$u(t) = \begin{cases} \dfrac{h(T - t)}{|h(T - t)|}, & 0 \leq t \leq T, h(T - t) \neq 0, \\ 0, & \text{その他} \end{cases}$$

とおく. このとき

$$y(T) = \int_0^T h(\tau)u(T-\tau)\tau = \int_0^T |h(\tau)|d\tau > M$$

であり，矛盾である.

緩和 LTI 系の特性記述のもう一つの方法は，$h(t)$ のラプラス変換で定義される伝達関数 $H(s)$ を用いるものである.

$$H(s) = \int_0^\infty h(t)e^{-st}dt.$$

この関数は ($h(t)$ と同様に) 系の内部的構造の全てを含んでおり，その特性が複素平面上の伝達関数の性質やその特異点と対応している. もちろん，極 s_0 (つまり，$s \to s_0$ のとき $|H(s)| \to \infty$ である) は取り分け重要である. これについて見るため極 s_0 は虚軸上または s-平面の右半平面にあるとしよう, i.e., $\mathcal{R}[s_0] \geq 0$. このとき BIBO 系が安定であれば，任意の $t \geq 0$ に対して，$|e^{-s_0 t}| \leq 1$ で

$$|H(s_0)| \leq \int_0^T |h(t)|dt = B_2$$

である. 電気技術者や構造力学設計者にとっては良く知られているが，安定性から $H(s)$ の極は s-平面の左半平面上に存在することがわかる.

安定性と同様に制御問題は重要である. 例をあげよう.

[例 5.23] 微分方程式

$$\frac{d\omega(t)}{dt} + a\omega(t) = Kv(t)$$

は電機子制御の直流モータのシャフトの角速度のモデルを与えている. ここで入力関数 $v(t)$ は電機子への印加電圧であり，a, K は正定数でモータの巻き線の抵抗，シャフトの慣性モーメント，負荷，摩擦効果，環境の電気回路の影響等から定まる. シャフト速度への零初期条件下でラプラス変換の応用として $t > 0$ に対して重み関数 $h(t) = Ke^{-at}$ が求まり，よって合成積から任意の $t > 0$ に対して

$$\omega(t) = \int_0^t v(\lambda)h(t-\lambda)d\lambda = \int_0^t v(\lambda)Ke^{-a(t-\lambda)}d\lambda$$

である. モータの簡単な制御問題として次のものがある：時間 T の間に静止から定められた速度 ω_d までにシャフトを回転させる一方，エネルギー積分

$$E_v = \int_0^T |v(t)|^2 dt$$

を最小にする．そのためにはどんな入力 $v(t)$ を与えるか？ コーシー・シュワルツの不等式から

$$\omega_d^2 \leq E_v \int_0^T K^2 e^{-2a(T-\lambda)} d\lambda$$

が得られ，その仕事に必要なエネルギーは次式をみたす．

$$E_v \geq \frac{2a\omega_d^2}{K^2(1 - e^{-2aT})}.$$

等号は

$$v(\lambda) = K_p e^{-a(T-\lambda)}$$

で与えられ[*1]，比例定数 K_p は

$$\omega_d = \int_0^T K_p e^{-a(T-\lambda)} K e^{-a(T-\lambda)} d\lambda = \frac{K_p K}{2a}(1 - e^{-2aT})$$

から定まり，最適印加電圧は $t > 0$ に対して

$$v(t) = \frac{2a\omega_d}{K(1 - e^{-2aT})} e^{-a(T-t)}$$

となる．合成積に戻りシャフト速度は次式で与えられる．

$$\omega(t) = \omega_d \left(\frac{e^{at} - e^{-at}}{e^{aT} - e^{-aT}} \right) = \omega_d \frac{\sinh at}{\sinh aT}.$$

5.13　確率における不等式

確率変数を $X \geq 0$ とおく．このとき任意の $t > 0$ に対して事象 $X \geq t$ の確率は

$$P(X \geq t) \leq \frac{\mu_X}{t} \tag{5.39}$$

をみたす．ここで μ_X は X の平均値または期待値である．これを「マルコフ (Markov) の不等式」と呼ぶ．これがどのように得られたかを説明しよう．X を頻度関数 $f_X(x) = P(X = x) \geq 0$（確率は常に非負）をもつ離散確率変数としよう．このとき

[*1] 訳注：コーシー・シュワルツの不等式の等号条件については定理 3.7, 4.6 を参照.

$$\mu_X = \sum_{x \geq 0} x f_X(x) = \sum_{0 \leq x < t} x f_X(x) + \sum_{x \geq t} x f_X(x),$$

それで

$$\mu_X \geq \sum_{x \geq t} x f_X(x) \geq t \sum_{x \geq t} f_X(x) = t P(X \geq t).$$

よって (5.39) が得られた．連続な確率変数に対しても同様である．

不等式

$$P(|X - \mu_X| \geq t) \leq \frac{\sigma_X^2}{t^2} \tag{5.40}$$

を「チェビシェフの不等式」と呼ぶ．ここで σ_X^2 はの分散である．これをマルコフの不等式から導くため，次の自明な事実から出発する．

$$(X - \mu_X)^2 \geq 0.$$

このとき任意の $t > 0$ に対して

$$P((X - \mu_X)^2 \geq t^2) \leq \frac{E[(X - \mu_X)^2]}{t^2} = \frac{\sigma_X^2}{t^2}.$$

しかし $(X - \mu_X)^2 \geq t^2$ の成立は $|X - \mu_X| \geq t$ のとき，かつそのときに限る．よって (5.40) が成立する．

[例 5.24]　次の特別な場合

$$P(|X - \mu_X| \geq n\sigma_X) \leq 1/n^2$$

は，確率変数 X が平均値の近くで実現し易いということを示唆する．

[例 5.25]　2項分布確率変数では，平均 np のとき偏差は $np(1-p)$ である．ここで n は実験の試行数，p は実験の各試行における「成功」の確率である．このとき $t = n\beta$ とおいて

$$P(|X - np| < n\beta) \geq 1 - \frac{p(1-p)}{n\beta^2}$$

が得られる．例えば，欠陥サンプルの集団中での割合を p とおく．X をサンプル個数 N のときの欠陥個数とする．このとき任意の $\beta > 0$ に対して，

$$P\left(\left|\frac{X}{N} - p\right| < \beta\right) \geq 1 - \frac{p(1-p)}{N\beta^2}$$

である．$\max[p(1-p)] = 0.25$ のとき固定された β, N に対して，観測されたサンプルの欠陥率と比率 p との差が β より小さいことが起こる確率の最小値は

$1 - 0.25/N\beta^2$ である．したがってこの確率の最小値を予め与えられた P なる値に等しくするか，これより大きくするには，$N \geq 0.25/(1-P)\beta^2$ と選ぶ必要がある．

　チェビシェフの不等式はある種の応用には厳しすぎる．確率分布のより良い評価として「チェルノフ (Chernoff) 限界」がより特別なものとして使われる (参考書 Lafrance[36] が良い)．

　多くの重要な連続確率変数は正規分布である．標準的正規分布密度関数は $-\infty < x < \infty$ に対して次式で与えられる．

$$f_X(x) = \frac{1}{\sqrt{2\pi}} e^{-x^2/2}.$$

次の補誤差関数

$$Q_X(x) = P[X > x] = \frac{1}{\sqrt{2\pi}} \int_x^\infty e^{-t^2/2} dt$$

はしばしば使い勝手が良く，上の式を部分積分し，$x > 0$ に対して次の漸近展開を得る ([1] 参照)．

$$Q(x) = \frac{e^{-x^2/2}}{\sqrt{2\pi}x} \left[1 - \frac{1}{x^2} + \frac{1 \cdot 3}{x^4} + \cdots + \frac{(-1)^n 1 \cdot 3 \cdot 5 \cdots (2n-1)}{x^{2n}} \right]$$

$$+ \frac{(-1)^{n+1} 1 \cdot 3 \cdot 5 \cdots (2n-1)}{\sqrt{2\pi}} \int_x^\infty \frac{e^{-t^2/2}}{t^{2n+2}} dt.$$

不等式

$$\frac{1}{\sqrt{2\pi}x} \left(1 - \frac{1}{x^2} \right) e^{-x^2/2} < Q(x) < \frac{1}{\sqrt{2\pi}x} e^{-x^2/2}$$

は明らかである．$Q(x)$ のより厳しい限界値を与えることができる ([10] と演習 5.17 参照)．この関数は情報理論，通信技術的応用で興味あり，そこではシステムノイズはしばしばガウス分布 (正規分布) として仮定される．次に情報理論の他の部分を考察しよう．

5.14 通信系における応用

　情報理論の目的は雑音 (ノイズ) 存在下での情報信号の正確な受信であり，それに力を注ぐ必要がある．ノイズ現象の型は発生の物理的構造あるいは単純にはパワースペクトルの波形で分類される．例えば多くのノイズは導体の電子のランダム運動により発生し，これを熱 (電子) ノイズまたは「ホワイトノイズ」とも呼ぶ．それはその波形が全周波数域で均一に分布しているからである．

　2進数通信系では時間は長さ T 秒からなる，連続するビット区間に分割され，時間区間の各々で受信者は既知の信号 $g_i(t)$ の受信，または非受信 (各々2進数の 1 または 0 に対応する) を受け取る．もちろんノイズ $n_i(t)$ がいずれの場合も生起する (図 5.5 の添え字 i は受信者の入力波形を示す)．$g_i(t)$ の波形はあらかじめ既知ゆえ，各ビット区間に受信者側関数で受信/非受信の決定を行うだけである．もちろん決定は $n_i(t)$ により撹乱され，多くの場合それは足し算として行われ[*1]，受信信号は $g_i(t) + n_i(t)$ である．$g_i(t)$ が送信されていないのに受信側がそれを送信されたとみなしたり，またはその逆の場合も誤差の発生とされる．そのような誤差発生の確率を最小にするためには，信号-ノイズのパウワー比 S/N を最大にする時刻での受信波形で判断すれば良い．それゆえある時刻で信号パワーを高め，同時にノイズの平均パワーを小さくするシステムに興味が向く．そのような装置は「matched filter」と呼ばれ，それは以下のようにして見出される．

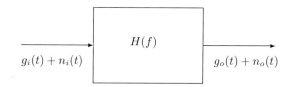

図 5.5 事前決定フィルター

　パワースペクトル密度 $N_0/2$(wat/Hz) なる加法的ホワイトノイズを仮定し，伝達関数 $H(f)$ のフーリエ領域での表現を求めよう．求めるフィルターからの出力信号はフーリエ逆変換から次式で与えられる．

[*1] 訳注：加法的ノイズと呼ぶ．

$$g_0(t) = \mathcal{F}^{-1}[G_0(f)] = \int_{-\infty}^{\infty} G_i(f)H(f)e^{j2\pi ft}df.$$

そこでサンプル時刻 $t = T$ での正規化パワーは

$$S = g_0^2(T) = \left| \int_{-\infty}^{\infty} G_i(f)H(f)e^{j2\pi ft}df \right|^2$$

である. 出力ノイズのパワースペクトル密度は $(N_0/2)|H(f)|^2$ で与えられる. それは周波数 f での線形系 $H(f)$ のパワーゲインが $|H(f)|^2$ であるからである. よって正規化された出力平均ノイズパワーは

$$N = \int_{-\infty}^{\infty} (N_0/2)|H(f)|^2 df$$

であり, 信号-ノイズ比は

$$\frac{S}{N} = \frac{\left| \int_{-\infty}^{\infty} G_i(f)H(f)e^{j2\pi T}df \right|^2}{\int_{-\infty}^{\infty} (N_0/2)|H(f)|^2 df}$$

となる. 上式右辺の分子の積分は内積表現で次のように表される (例 4.5 参照).

$$\int_{-\infty}^{\infty} G_i(f)H(f)e^{j2\pi fT}df = \int_{-\infty}^{\infty} H(f)\overline{G_i(f)e^{-j2\pi fT}}df.$$

コーシー・シュワルツの不等式から (例 4.6 参照)

$$\frac{S}{N} \le \frac{\int_{-\infty}^{\infty} |G_i(f)|^2 df \int_{-\infty}^{\infty} |H(f)|^2 df}{(N_0/2)\int_{-\infty}^{\infty} |H(f)|^2 df}$$

となる. ここで上式の等号は

$$H(f) \propto \overline{G_i}(f)e^{-j2\pi fT}$$

のとき成立し[1], これから matched filter に対して

$$h(t) = \mathcal{F}^{-1}\left\{ \overline{G_i}(f)e^{-j2\pi fT} \right\} = \overline{g}_i(T - t)$$

が得られる. matched filter に対する詳細, とりわけ余誤差関数による最適な誤差速度表現の導出に関しては Couch[15] を参考にするとよい.

---

[1] 訳注 : 等号条件は定理 3.7 および 4.6 参照.

　通信理論の研究の，論理的に自然な部分は広く数学的構造に基づき，その部分は情報理論と呼ばれ，その多くは最も基本的な不等式で始められている．あいまいさをもつ「情報」概念をきちんとその形式を捉えるべきという課題に挑んだ人達はクロード・シャノン (Claude Shannon) や他の初期の研究者達であった．正確さを期すため，無記憶離散装置 (discrete memoryless source, DMS) なる仮想機械を考える．装置 (DMS) はアルファベット (記号) の集合 ζ を一つもつ．ここで集合 ζ は離散個の記号からなる集合 $\zeta = \{S_1, \cdots, S_N\}$ で，その装置はこれらの記号 S の中から 1 個を周期的に外界に「メッセージ」として発する (図 5.6 参照)．装置 (DMS) において記号選択方法はランダムで，確率 $P(S = S_n) = p_n, \sum p_n = 1$ に従い，確率は時間に依存せず，かつ確率的に独立である (つまり，無記憶装置である)．「自己情報」(self-information) を次式で定義する．

$$I_n = \log_b \left(\frac{1}{p_n} \right) \quad (n = 1, \cdots, N).$$

この定義から直観的理解が可能になる．すなわち，以下の通りである．$0 \le p_n \le 1$ ゆえに $I_n \ge 0$ となり，装置から「負」情報受信の可能性には心配不要である．$p_n \to 1$ のとき $I_n \to 0$ である場合，つまり非常に頻出するか確実なものは受信者側に何ら価値がなく，意味もない ($I_n \to 0$)．$p_n < p_m$ のとき対数の単調性から $I_n > I_m$ である．これは避けたい記号の出現は期待する記号の情報量より多いことを意味する．最後に連続する 2 個の独立なメッセージに対する結合確率 $P(S_n \text{ and } S_m) = p_n p_m$ から情報量は

$$I_{n,m} = \log_b \left(\frac{1}{p_n p_m} \right) = \log_b \left(\frac{1}{p_n} \right) + \log_b \left(\frac{1}{p_m} \right) = I_n + I_m$$

となる．対数の底 b は任意に取れ，情報量の単位を定める．通例ビットで情報量を測り，$b = 2$ が取られる．可能な値 $I_1, \cdots, I_N$ を取る自己情報量 I は確率変数なので，その期待値は

$$H(\zeta) = \sum_{n=1}^{N} I_n p_n = \sum_{n=1}^{N} p_n \log_2 \left(\frac{1}{p_n} \right)$$

である．この量 (記号の平均情報量) は DMS のエントロピーと呼ばれる．$H(\zeta)$ の上界，下界には格別興味がある．確かに

$$H(\zeta) \ge 0$$

であり，等号 (つまり下界達成) は $N = 1$ のとき，かつそのときに限り成立する (「不確かさ無し」は何ら情報量は無し)．次に $H(\zeta)$ の上界を考える．上界探索のため自然対数を使う．等式 $\log_2 x = K \ln x$ (定数 K は無次元数[*1]) である (演習 2.2 参照)．次式は，情報理論では基礎的不等式として頻繁に用いられる．

$$\ln x \leq x - 1$$

これにより以下の結果を得る．

$$\log_2 N = \log_2 N \sum_{n=1}^{N} p_n = \sum_{n=1}^{N} p_n \log_2 N$$

だから

$$H(\zeta) - \log_2 N = \sum_{n=1}^{N} p_n \left[\log_2 \left(\frac{1}{p_n} \right) - \log_2 N \right] = \sum_{n=1}^{N} p_n \log_2 \left(\frac{1}{Np_n} \right)$$

$$= K \sum_{n=1}^{N} p_n \ln \left(\frac{1}{Np_n} \right) \leq K \sum_{n=1}^{N} p_n \left(\frac{1}{Np_n} - 1 \right)$$

である．ここで最後の部分は零値であり，次式を得る．

$$H(\zeta) \leq \log_2 N.$$

上界値を実現するには全ての n に対して $1/(Np_n) = 1$, $p_n = 1/N$ のとき，かつそのときに限り成り立つ．DMS のエントロピーが最大値になるのは，全メッセージが等しく予想可能のとき，つまり，平均において最小の予想可能状態のときである (つまり何ら特定の予想ができない)．

　ここではこの分野の魅力的話題の最初の部分に触れただけである．興味がある読者は文献 [9, 36, 54] でさらに学ばれたい．

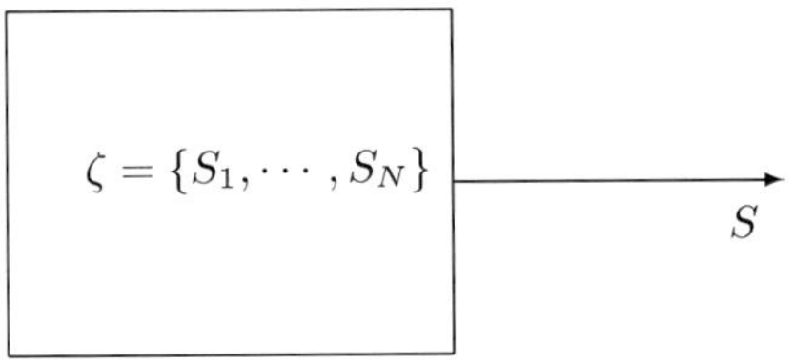

図 5.6　情報発信装置

*1 訳注：$K = (\ln 2)^{-1}$.

5.15 可解性

定理 4.3(縮小写像定理) は強力な結果で，実際上重要な，多くの方程式に対して一意解の存在を証明する場合に用いられる．それに加え，その証明法は積分方程式や微分方程式に対するノイマン (Neumann) 級数やピカール (Picard) の反復法のような実際的解法を与え，非線形方程式系を解くためのニュートン (Newton) 法を与えたりする．

積分方程式では未知量は積分記号内の関数で，力学，電磁気学，制御理論や人口動態論に自然な形で現れる．例えば方程式

$$\psi(x) = g(x) + \lambda \int_a^b K(x,t)\psi(t)dt \quad (a \le x \le b) \tag{5.41}$$

で ψ は未知である．これは第 2 種のフレドホルム (Fredholm) 積分方程式と呼ばれる．$g(x) \in C[a,b]$ および $a \le x \le b$ と $a \le t \le b$ の双方に対して $K(x,t)$ が連続であると仮定しよう．このとき積分作用素

$$F(\psi)(x) = g(x) + \lambda \int_a^b K(x,t)\psi(t)dt$$

が $C[a,b]$ 上で縮小写像となる条件を探したい．$K(x,t)$ は有界閉領域上で連続ゆえ $K(x,t)$ は有界である (上界を K とおく)．$u(x)$ と $v(x)$ は $C[a,b]$ の任意の要素とする．このとき，

$$\begin{aligned}
d(F(u), F(v)) &= \max_{x \in [a,b]} \left| \lambda \int_a^b K(x,t)[u(t) - v(t)]dt \right| \\
&\le \max_{x \in [a,b]} |\lambda| \int_a^b |K(x,t)||u(t) - v(t)|dt \\
&\le B \max_{x \in [a,b]} |\lambda| \int_a^b |u(t) - v(t)|dt \\
&\le B|\lambda|(b - a) \max_{x \in [a,b]} |u(t) - v(t)| \\
&= B|\lambda|(b - a)d(u(x), v(x)).
\end{aligned}$$

F が $C[a,b]$ 上で縮小であるためには次式の成立が必要である．

$$|\lambda| < 1/B(b - a).$$

この条件の成立の下に (5.41) を解くために $[a,b]$ 上の関数 $\psi(x)$ に対して反復

を行う．初期予測 $\psi^{(0)}(x) = g(x)$ から出発し，最初の反復から

$$\phi^{(1)}(x) = g(x) + \lambda \int_a^b K(x,t)\phi^{(0)}(t)dt = g + \lambda\Gamma[g]$$

を得る．ここで

$$\Gamma[\psi] = \int_a^b K(x,t)\psi(t)dt$$

とおく．反復の2回目は

$$\psi^{(2)} = g + \lambda\Gamma[g] + \lambda^2\Gamma^2[g] = g + \sum_{i=1}^{2}\lambda^i\Gamma^i[g]$$

となり，一般に

$$\psi^{(n)} = g + \sum_{i=1}^{n}\lambda^i\Gamma^i[g]$$

である．定理4.3から (5.41) の解は次式のように表現できる．

$$\psi = \lim_{n\to\infty}\psi^{(n)} = g + \sum_{i=1}^{\infty}\lambda^i\Gamma^i[g].$$

上式は積分方程式に対するノイマン級数と呼ばれる．

[**例 5.26**]　(5.41) の具体例として

$$\psi(x) = g(x) + \lambda\int_0^1 e^{x-t}\psi(t)dt \quad (0 \le x \le 1) \tag{5.42}$$

を考えよう．この例では $n = 1, 2, 3, \cdots$ に対して $\Gamma^n[g] = \kappa e^x$ となる．ここで

$$\kappa = \int_0^1 e^{-t}g(t)dt$$

である．そこで $0 \le x \le 1$ に対して

$$\psi(x) = g(x) + \sum_{i=1}^{\infty}\lambda^i\kappa e^x = g(x) + \kappa e^x \frac{\lambda}{1-\lambda} \tag{5.43}$$

である．(5.42) の解が実際に (5.43) で与えられることは直接の計算で知れる．

　積分方程式に興味を感じ，さらに学びたい読者は Jerri[31] が参考になる．定理4.3のもう一つの応用には微分方程式の解の存在の証明がある．

定理 5.4 (ピカール・リンデレーフ (Picard-Lindelöf) の定理)

$$\frac{dy}{dx} = f(x,y), \quad \text{初期条件} \quad y(x_0) = y_0 \tag{5.44}$$

を考える. (必要なら適当な平行移動を使い)$x_0 = y_0 = 0$ と仮定する. a と b を正定数とし, 矩形 $D = \{(x,y) \mid |x| \le a, |y| \le b\}$ 上で f は連続と仮定する. さらに f は D 上の y に関してリプシツ条件をみたすものとする. すなわち正定数 k が存在して, 任意の (x, y_1) と $(x, y_2) \in D$ に対して

$$|f(x, y_1) - f(x, y_2)| \le k|y_1 - y_2| \tag{5.45}$$

をみたす. このとき定数 $\alpha > 0$ があり区間 $I = \{x \mid |x| \le \alpha\}$ 上で初期値問題 (5.44) の一意的に定まる解 $y = \phi(x)$ が存在する.

証明 証明の前にある動機付けを行おう. 既に解 ϕ が存在したとしよう. このとき定理 2.5 から $x \in I$ に対して

$$\phi(x) = \int_0^x f(t, \phi(t))dt \tag{5.46}$$

となる. 閉区間 I 上の連続関数よりなる空間を M とおく. M は次式で定義される完備距離空間である.

$$d(f,g) = \max_{x \in I} |f(x) - g(x)|.$$

M から M への写像 F を定義する : $\psi \in M$ に対して $F(\psi)$ を次式で定義する.

$$F(\psi)(x) = \int_0^x f(t, \psi(t))dt, \quad x \in I.$$

それで解 $\phi(x)$ が存在すれば F の不動点である; すなわち, $F(\phi) = \phi$. 定理 4.3 から F が一意に定まる不動点をもつためには F が縮小写像であればよい. $\phi_1, \phi_2 \in M$ とせよ. それに加えて

$$|\phi_1(t)| \le b \ \text{および} \ |\phi_2(t)| \le b \quad (\text{任意の } t \in I \text{ に対して}) \tag{5.47}$$

を仮定する. これらの仮定の下で計算して

$$d(F(\phi_1), F(\phi_2)) = \max_{x \in I}|F(\phi_1)(x), F(\phi_1)(x)|$$

$$= \max_{x \in I}\left|\int_0^x f(t, \phi_1(t))dt - \int_0^x f(t, \phi_2(t))dt\right|$$

$$\le \max_{t, x \in I}|f(t, \phi_1(t)) - f(t, \phi_2(t))||x - 0| \tag{5.48}$$

$$\leq k\max_{t\in I}|\phi_1(t) - \phi_2(t)|\alpha \tag{5.49}$$

$$= \alpha k d(\phi_1, \phi_2). \tag{5.50}$$

F を縮小写像とするために α を $\alpha k < 1$ なるようにとる. さらに (5.48) から (5.49) を得るために $\phi_1, \phi_2 \in M$ に対して (5.47) を仮定している. いまや定理の証明が行える. $f(x,y)$ は D 上で連続ゆえ正定数 Q が存在して任意の $(x,y) \in D$ に対して $|f(x,y)| \leq Q$ が成立する. $\alpha k = \lambda < 1$ と $\alpha < b/Q$ が成立するように α を十分小さく取る. $I = \{x \mid |x| \leq \alpha\}$ と取り, 元々の M を次式のように定義しなおす.

$$M = \{\phi \mid \phi \in C(I) \text{ かつ } |\phi(t)| \leq b, \quad \text{任意の } t \in I\}.$$

このとき M は完備距離空間である. F が M から M への写像であることをみるために, $\phi \in M$ と $x \in I$ に対して

$$|\phi(x)| = \left|\int_0^x f(t, \phi(t))dt\right| \leq \alpha Q < b$$

に注意する. このとき (5.50) までの不等式の導出が有効となる. $\alpha k < 1$ ゆえに F は M 上の縮小写像であり, よって不動点 ϕ をもつ. 実際に $\phi_0(x)$ を零値 (定数) 関数とおく. 任意の i に対してピカールの反復

$$\phi_{i+1}(x) = F(\phi_i)(x) = \int_0^x f(t, \phi_i(t))dt, \quad x \in I$$

が実行され, このとき $i \to \infty$ で $\{\phi_i(x)\} \to \phi(x)$ となる.

これまでに, 全体としては類似の, 細部は異なる方法で証明を二度行った. 実際 (5.41) の解を求める際は λ を十分小さく取り, (5.46) の解を求めるときは 0 から x までの積分区間を十分小さく取って, F を縮小写像としている.   □

微分に関する平均値の定理での議論では, $C^1 \ni f : \mathbf{R} \to \mathbf{R}$, $x, x + \Delta x \in (a,b)$ に対して適当な x と $x + \Delta x$ の間の η をとると

$$f(x + \Delta x) = f(x) + f'(\eta)\Delta x \tag{5.51}$$

が成立することをみた. しかし, $n > 1$ として, $C^1 \ni f : \mathbf{R}^n \to \mathbf{R}^n$,

$$f(x) = \begin{pmatrix} f_1(x) \\ \vdots \\ f_n(x) \end{pmatrix}, \quad f'(x) = \begin{pmatrix} \dfrac{\partial f_1}{\partial x_1} & \cdots & \dfrac{\partial f_1}{\partial x_n} \\ \vdots & \ddots & \vdots \\ \dfrac{\partial f_n}{\partial x_1} & \cdots & \dfrac{\partial f_n}{\partial x_n} \end{pmatrix}$$

であるとき x と $x + \Delta x$ を結ぶ線分上に η が常に存在し，(5.51) が成立するわけではない．それは例えば次の例である ([17])．

$$f : \mathbf{R}^2 \to \mathbf{R}^2, \quad f\begin{pmatrix} x_1 \\ x_2 \end{pmatrix} = \begin{pmatrix} e^{x_1} - x_2 \\ x_1^2 - 2x_2 \end{pmatrix}.$$

さらに考えよう．$f : [a, b] \to [a, b]$ を縮小写像としたい．$[a, b]$ 上で $|f'(x)| \leq \lambda < 1$ であれば実際に系 2.6.1 により f は以下に見るように縮小写像である．(5.51) から

$$|f(x) - f(y)| = |f'(\eta)(x - y)| \leq \lambda |x - y|.$$

この議論は $f : \mathbf{R}^n \to \mathbf{R}^n$ に直接適用できない．しかし，定理 2.5 を成分毎に適用して

$$f(x + \Delta x) - f(x) = \int_x^{x + \Delta x} f'(z) dz = \int_0^1 f'(x + t\Delta x) \Delta x \, dt.$$

これから $f(x)$ はリプシツ条件

$$\|f(x + \Delta x) - f(x)\| \leq M\|\Delta x\|, \quad \text{ここで} \quad M = \max_{x \in \overline{U}} \|f'(x)\|$$

をみたす．ここで x と $x + \Delta x$ を結ぶ線分を含む閉近傍を $\overline{U}$ とする．このような手法を証明に用いて，次の重要な定理を示すことができる．ここで記号 $U \times V$ は次の通り．

$$U \times V = \{ (x, y) \mid x \in U, \ y \in V \}.$$

定理 5.5 (陰関数定理)　U, V, W はそれぞれ $\mathbf{R}^n, \mathbf{R}^m, \mathbf{R}^n$ の開集合であるとし，$F \in C^1(U \times V, W)$ としよう．さらに $(x_0, y_0) \in U \times V$ で $F(x_0, y_0) = 0$ あり，

$$D_x F(x_0, y_0) = \begin{pmatrix} \dfrac{\partial F_1}{\partial x_1} & \cdots & \dfrac{\partial F_1}{\partial x_n} \\ \vdots & \ddots & \vdots \\ \dfrac{\partial F_n}{\partial x_1} & \cdots & \dfrac{\partial F_n}{\partial x_n} \end{pmatrix} (x_0, y_0)$$

は正則行列である. このとき近傍 $U_1 \times V_1 (\subset U \times V)$ と関数 $f : V_1 \to U_1$, $f \in C^1$ が存在して $f(y_0) = x_0$ をみたす. さらに次の事項が成立する. すなわち, $(x, y) \in U_1 \times V_1$ に対して

$$F(x, y) = 0 \iff x = f(y).$$

証明　定理が言及する基本的着想は次の事実である. 方程式 (拘束条件) の個数 n を超える未知量数 $x_1, x_2, \cdots, x_{m+n}$ があるとき, 超過数 m 個の未知量 (変数) を選び変数名を変更して $y_1, y_2, \cdots, y_m$ とおく. この変数の再編成で $x_1, \cdots, x_n$ の適当な近傍で方程式の系 (n 個からなる) をニュートン法で解くことができる. $y_1, \cdots, y_m$ の近傍でこれらを独立変数とし $x_1, \cdots, x_n$ を従属変数として問題が実際に解ける. 通例はしかし, $y_1, \cdots, y_m$ の陽関数でなく, 陰関数として $x_1, \cdots, x_n$ が定められる.

定理の証明を与える. $D_x F(x_0, y_0)$ は正則ゆえ (x_0, y_0) のある近傍があって $D_x F$ はその近傍で正則である (行列式は連続で考察の点で非零ゆえその適当な近傍でも非零). 必要なら U, V をより小さく取り $U \times V$ 上で $(D_x F(x, y))^{-1}$ が定義できる. 写像 $G : U \times V \to \mathbf{R}^n$ を $G(x, y) = x - (D_x F(x, y))^{-1} F(x, y)$ で与える. このとき $G(x_0, y_0) = x_0$, $D_x G(x_0, y_0) = I - I = 0$ である. ここで I は単位行列. $G \in C^1$ ゆえ (x_0, y_0) のある近傍 $U_1 \times V_1$ があって $U_1 \times V_1$ 上 $\|D_x G(x, y)\| \le \alpha < 1$ が成立する. 近傍 $U_1 \times V_1$ を $G : \overline{U}_1 \times \overline{V}_1 \to \overline{U}_1$ のように (上述の如く) 選ぶ. 任意の $y \in V_1$ に対して $G(x, y) : \overline{U}_1 \times \overline{V}_1$ は縮小写像ゆえ一意的な不動点が定まりそれを $f(y)$ と書く. f が滑らかであることの証明および例に対しては Edwards[22] を参照のこと.　　　　□

ニュートン法 (下記の定理 5.6) で, 解に十分近い推定値から出発してニュートン法を適用すれば解に収束することを保証する証明は上の定理の証明の特別なケースである.

定理 5.6　$\mathbf{R}^n$ 内の開集合 U, W を取り $F \in C^1(U, W)$ とする. $F(\xi) = 0$, $F'(\xi)$ は正則とする. このとき ξ の近傍 U_1 があって以下のことが成立する. $x_0 \in U_1$ とし, 任意の n に対して $G : x_{n+1} = x_n - (F'(x_n))^{-1} F(x_n)$ とおくとき点列 $\{x_n\}$ は ξ に収束する.

証明　$m = 0$ として $\mathbf{R}^m$ を空集合とみなす. これは $F(x, y)$ の代わりに $F(x)$

とし，U 上で $G : U \to \mathbf{R}^n$, $G(x) = x - (F'(x))^{-1}F(x)$ を考える．十分小さい U_1 を取り，$G : U_1 \to U_1$ が縮小写像となり，よって $x_0 \in U_1$, $x_{n+1} = G(x_n)$ は G の不動点 ξ に収束する (そこで $F(\xi) = 0$). □

陰関数定理の応用には微分方程式の解の存在証明およびそれに関連する幅広い分野がある．Chow, Hale [14] を参照．

5.16 共役定理とコスト最小化

ここでの共役定理と例は Duffin [19,20] に負っている．$c_1, \cdots, c_n$ は正数の列で，各々の $i = 1, \cdots, n$ に対して実数列 $\alpha_{i1}, \cdots, \alpha_{ik}$ を考える．正数 $t_1, \cdots, t_k$ を独立変数とする次のコスト関数を考える．

$$u(t_1, \cdots, t_n) = c_1 t_1^{\alpha_{11}} \cdots t_k^{\alpha_{1k}} + \cdots + c_n t_1^{\alpha_{n1}} \cdots t_k^{\alpha_{nk}}.$$

次の記号を用いる．

$$R_k^+ = \{t = (t_1, \cdots, t_k) \mid t_i > 0\},$$

$$\Delta_n = \left\{\delta = (\delta_1, \cdots, \delta_k) \;\middle|\; \delta_i > 0 \text{ かつ } \sum_{i=1}^n \delta_i = 1\right\},$$

$$\Delta_n^\alpha = \left\{\delta \;\middle|\; \delta \in \Delta_n \text{ かつ } \sum_{i=1}^n \alpha_{ij}\delta_i = 0, \; j = 1, \cdots, k \text{ に対して}\right\},$$

$$P_i(t) = t_1^{\alpha_{i1}} \cdots t_k^{\alpha_{ik}}, \; t \in R_k^+ \text{ に対して},$$

$$v(\delta) = \prod_{i=1}^n \left(\frac{c_i}{\delta_i}\right)^{\delta_i}, \; \delta \in \Delta_n \text{ に対して}.$$

正数 $c_1, \cdots, c_n$, (コスト関数中の冪である) と実数値行列 (α_{ij}) を固定し，上記記号の下で二つの問題を述べる．

- 問題 1 : $M = \inf_{t \in R_k^+}\{u(t)\}$ とする．M を求めよ．
- 問題 2(共役問題) : $m = \sup_{\delta \in \Delta_n^\alpha}\{v(\delta)\}$ とする．m を求めよ．

零は明らかに問題 1 の集合の下界である．よって問題 1 の解 M は常に存在する．区間 $(0,1)$ 上で $(1/\delta_i)^{\delta_i}$ は $e^{1/e}$ で押さえられ有界ゆえ問題 2 の解 m は存在する．

　二つの問題がどのように関係するかを示すため，重み付き算術平均・幾何平均不等式を $u(t)$ に適用する．任意の $\delta \in \Delta_n$ と $t \in R_k^+$ に対して

$$u(t) = \sum_{i=1}^{n} \delta_i \left(\frac{c_i P_i(t)}{\delta_i} \right) \geq \prod_{i=1}^{n} \left(\frac{c_i P_i(t)}{\delta_i} \right)^{\delta_i} = v(\delta) t_1^{D_1} \cdots t_k^{D_k},$$

ここで

$$D_j = \sum_{i=1}^{n} \alpha_{ij} \delta_i.$$

$\delta \in \Delta_n^\alpha$ のとき任意の j に対し $D_j = 0$ である．そこで任意の $t \in R_k^+$ と $\delta \in \Delta_n^\alpha$ に対して $u(t) \geq v(\delta)$ である．$t \in R_k^+$ と $\delta \in \Delta_n$ に対して

$$Q(t, \delta) = u(t) - v(\delta) t_1^{D_1} \cdots t_k^{D_k}$$

を定義する．このとき $Q(t, \delta) \geq 0$ であり，等号は全 $c_i P_i(t)/\delta$ が互いに等しいとき，かつそのときに限り成り立つ．点 $t^* \in R_k^+$ で $u(t)$ が下限 M を取るとしよう．任意の i で $\delta_i^* = c_i P_i(t^*)/M$ とおく．$\delta^* \in \Delta_n$ であり，全 $c_i P_i(t^*)/\delta_i^*$ が等しいので $Q(t^*, \delta^*) = 0$．開集合 R_k^+ 上でコスト関数 $u(t)$ が点 t^* で最小値を取ると仮定したゆえ $\partial u / \partial t_j = 0, j = 1, \cdots, k$．$(t^*, \delta^*)$ で $Q(t, \delta)$ が最小値を取るゆえ，全ての，よって最初の k 個の偏導関数に対して (t^*, δ^*) 上で $\partial Q / \partial t_j = 0$．しかし

$$\frac{\partial Q}{\partial t_j} = \frac{\partial u}{\partial t_j} - \frac{\partial v(\delta) t_1^{D_1} \cdots t_k^{D_k}}{\partial t_j}.$$

最初の項が零ゆえ

$$\frac{\partial v(\delta) t_1^{D_1} \cdots t_k^{D_k}}{\partial t_j} = D_j v(\delta) t_1^{D_1} \cdots t_j^{D_j - 1} \cdots t_k^{D_k} = 0.$$

条件 $D_j = 0$ は $\delta \in \Delta_n^\alpha$ を与える．よって，$\delta^* \in \Delta_n^\alpha, v(\delta^*) = M$ である．任意の $t \in R_k^+$ と $\delta \in \Delta_n^\alpha$ に対して $v(\delta) \leq u(t)$ で，特に，任意の $\delta \in \Delta_n^\alpha$ に対し $v(\delta) \leq u(t^*) = M$ であり，$\delta = \delta^*$ のとき等号が成り立つ．よって $M = m$ かつ，任意の $\delta \in \Delta_n^\alpha$ と $t \in R_k^+$ に対して，

$$v(\delta) \leq M \leq u(t) \tag{5.52}$$

であり，$t = t^*$ と $\delta = \delta^*$ のとき等式が成り立つ．それゆえ次の定理が証明された．

定理 5.7　問題 1 のコスト関数 $u(t)$ が R_k^+ で下限 M を取るとき，問題 2 における共役関数 $v(\delta)$ は Δ_n^α において最大値 M を取る.

[例 5.27]　奥行き t_1, 幅 t_2, 高さ t_3 ヤードの空箱を用い，400 立方ヤードの物量を川の向こうにフェリーで輸送する. フェリーの底面と左右の側面使用におけるコストは平方ヤード当たりそれぞれ 10 ドルであり，フェリーの前部と後部面積の壁部分のコストは平方ヤード当たり 20 ドルである. 空箱の底のスライドレールはヤード当たり 2.50 ドル，2 本で 5 ドルである. フェリー運行コスト 1 箱当たりのコストは 0.10 ドルである. 全コスト

$$u(t_1,t_2,t_3) = \frac{400 \cdot 0.1}{t_1 t_2 t_3} + 2 \cdot 10 t_1 t_3 + 2 \cdot 20 t_2 t_3 + 10 t_1 t_2 + 2 \cdot 2.5 t_1$$

を最小にしよう.

　読者は次のような数値実験を行うと良いだろう. $u(t)$ の勾配ベクトルにニュートン法を適用し，$u(t)$ の最小点を求めてみよう. 制約 $t_i > 0$ のため，$t_i = \varepsilon + x_i^2$ を代入する. (ニュートン法を適用するとき，$u(x)$ の勾配のヤコビ微分 (u のヘシアン) を用いる). $\varepsilon = 0$ とし，初期の推定値 $t_i = x_i^2 = 1$ を取り，$t_1 \approx 1.54, t_2 \approx 1.11, t_3 \approx .557$ なる t^* の良い近似が得られる. 任意の i に対し $\delta_i^* = c_i P_i(t^*)/u(t^*)$, $\delta^* \in \Delta_n^\alpha$ を (与えられた許容範囲内で) が得られる. $u(t^*) = v(\delta^*) = 108.69$ となる. ニュートン法は局所最小解 (極小解) を与える方法である. しかし，ここで求めた $M = 108.69$ ドルは (5.52) から大域的な最小コストでもある.

5.17　演習

5.1　チェビシェフの不等式の応用

(a)　次の積分の上界を求めよ.
$$I = \int_2^5 \frac{e^x}{x+1} dx.$$

(b)　次の不等式を導け.
$$(\sin^{-1} t)^2 < \frac{t}{2} \ln \left| \frac{t+1}{t-1} \right|.$$

5.2　$u(x)$ と $u_n(x)$ が $[a,b]$ 上で積分可能であり，$\{u_n(x)\}$ が $u(x)$ に $[a,b]$ 上一様収

束するとき,

$$\int_a^b \lim_{n\to\infty} u_n(x)dx = \int_a^b u(x)dx = \lim_{n\to\infty} \int_a^b u_n(x)dx.$$

5.3　$[a,b]$ 上で $u(x)$ と関数列 $\{u_n(x)\}$ が定義されている. 列 $\{u_n(x)\}$ が $u(x)$ に平均収束するとは次式が成立することである.

$$\lim_{n\to\infty} \int_a^b |u(x) - u_n(x)|^2 dx = 0.$$

(a)　一様収束すれば平均収束する.

(b)　平均収束から次の収束を示せ.

$$\lim_{n\to\infty} \int_a^b u_n^2(x)dx = \int_a^b u^2(x)dx.$$

5.4　積分値 $\int_0^1 e^{x^2} dx$ を求めるため, シンプソンの公式の計算機プログラムを書け. 誤差が与えられた許容範囲に収まるまで各小区間を 2 分割し続けよ.

5.5　次式で定まる数値, $y(3)$ を求めるため, 次数 5 のテイラーの方法を用いよ.

$$y' = 1 - \frac{y}{x}, \quad y(2) = 2.$$

厳密解は $y = x/2 + 2/x$ である. Φ_5 における導関数を定めるため手計算を行い, それを標準的な Fortran や C に適用せよ.

5.6　$n \in \mathbf{N}$ に対して不等式

$$2\Gamma\left(n+\frac{1}{2}\right) \le \Gamma\left(\frac{1}{2}\right)\Gamma(n+1) \le 2^n\Gamma\left(n+\frac{1}{2}\right)$$

を示せ. 特に $n > 1$ に対する狭義の不等式の成立を含めて示せ. この不等式の交通流への応用に関しては [38] を参照のこと.

5.7　本文の例 5.7 で定義された指数関数に関する積分 $E_n(x)$ に対して次の不等式を示せ.

$$E_{n+1}(x) < E_n(x), \quad n = 1, 2, 3, \cdots.$$

5.8　$x > 1$ に対して次の不等式を示せ.

$$\frac{x-1}{x^2}e^{-x} < \int_x^\infty \frac{e^{-t}}{t}dt < \frac{e^{-x}}{x}.$$

5.9　実数値関数 f の「自己相関関数」$f * f$ は次の式で定義される.

$$f * f(t) = \int_{-\infty}^\infty f(u)f(t+u)du.$$

$f * f$ は $t = 0$ で最大値を取ることを示せ.

5.10 $J_n(x)$ の冪級数展開を用い，$n \geq 0$ に対して次の不等式を示せ．

$$|J_n(x)| \leq \frac{|x|^n}{2^n(n!)} e^{x^2/4}.$$

5.11 基本的な関数，補誤差関数 (complementary error function) $\mathrm{erfc}(x)$ は次式で定義される．

$$\mathrm{erfc}(x) = \frac{2}{\sqrt{\pi}} \int_x^\infty e^{-t^2} dt.$$

(a) 上界に関する次の不等式を示せ．

$$\mathrm{erfc}(\sqrt{x}) < \frac{e^{-x}}{\sqrt{\pi x}}.$$

(b) $0 \leq x \leq y$ に対して次の不等式を示せ．

$$\mathrm{erfc}(\sqrt{y}) \leq e^{-(y-x)}\mathrm{erfc}(\sqrt{x}).$$

5.12 (Anderson et al [3] を参照) a, b は正の実数である．算術平均を $A(a,b) = (a+b)/2$, 幾何平均を $G(a,b) = \sqrt{ab}$ で示す．$a_0 = a, b_0 = b$ を初項として，任意の n に対して $a_{n+1} = A(a_n, b_n)$, $b_{n+1} = G(a_n, b_n)$ とおく．

(a) 算術平均・幾何平均不等式と帰納法を用い，$n \geq 1$ に対して次の不等式を示せ．

$$b_n \leq b_{n+1} \leq a_{n+1} \leq a_n.$$

(b) a_n は下に有界 (b_0 が下界) で減少列であることを確認せよ．その結果極限が存在する．同様なことを b_n について示せ．

(c) 数列 a_n, b_n は共通な極限をもつことを示せ．この共通の極限 $AG(a,b)$ を a, b の算術-幾何平均と呼ぶ．

(d) 積分

$$T(a,b) = \int_0^{\pi/2} \frac{dx}{\sqrt{a^2\cos^2 x + b^2\sin^2 x}}$$

を定義する．このとき a_1, b_1 に対しても同様な積分を定義し，$T(a,b) = T(a_1, b_1)$ を示せ．

(e) 関数列 $(a_n^2\cos^2 x + b_n^2\sin^2 x)^{1/2}$ は区間 $[0, \pi/2]$ 上 $AG(a,b)$ に一様収束することを示せ．

(f) 次の等式を示せ．

$$T(a,b) = \frac{\pi/2}{AG(a,b)}.$$

(g) $0 < r < 1$, $a = 1$, $b = \sqrt{1-r^2}$ とおき，ルジャンドルの第 1 種楕円積分に関するガウスの美しい結果を導け．

$$\int_0^{\pi/2} \frac{dx}{\sqrt{1 - r^2 \sin^2 x}} = \frac{\pi/2}{AG(1, \sqrt{1 - r^2})}.$$

(h) $r = 1/2$ とおく. $(\pi/2)/a_2$ の数値精度が 6 桁まで正しいとして次の楕円積分値
を求めよ.

$$\int_0^{\pi/2} \frac{dx}{\sqrt{1 - r^2 \sin^2 x}}.$$

5.13 単一閉曲面 S で囲まれた有界領域上で $\nabla^2 \Phi = 0$ のとき，次のことを示せ.

$$\oint_S \Phi \frac{\Phi}{n} dS \geq 0.$$

5.14 2 個の絶縁された導体が電荷をもっている．それらを非常に細い導線で結ぶと
き，その系のエネルギーは小さくなることを示せ.

5.15 $A = \begin{pmatrix} 1 & 1 \\ 0 & 1 \end{pmatrix}$ とおく．このとき $\|AX\|_2 = \|A\|_F \|X\|_2$ なる $X \neq 0$ は存在し
ないことを示せ.

5.16 全有限エネルギーの信号形の中で，$f(t) = K_2 \exp(K_1 t^2/2)$, $K_1(< 0)$, K_2 は
定数，の形で与えられるガウス信号は最小の持続-バンド幅積をもつことを示せ.

5.17 補誤差関数のより改良された下界は $x > 0$ に対して次式で与えられることを
示せ.

$$Q(x) > \frac{1}{\sqrt{2\pi}} \frac{x}{x^2 + 1} e^{-x^2/2}.$$

5.18 ピカールの反復法で微分方程式 $y' = 2y$, $y(0) = 1$ を解け.

5.19 $n = 1$ でニュートン法を用いるとき (定理 5.6)，近傍 U_1 の選択をどのようにす
ればよいかについて述べよ.

付　録　演習のヒント

1.1 (a) $1/x < 1$ を $1/y < 1$ に加え，次に xy を乗ぜよ．(b) $(x-1)^2 \geq 0$ を展開せよ．(c) $(x-y)^2 \geq 0$ から．(d) $1 \cdot 2 \cdot 3 \cdots n > 1 \cdot 2 \cdot 2 \cdots 2$．(e) $n = 1,2,3$ を代入で確かめ，$n \geq 3$ に対し数学的帰納法で示せ．(f) $x = b/a$ を代数不等式 $(x-1)(x^3-1) \geq 0$ に代入して求めよ．等号は $b = a$ のとき，そのときに限り成立つ．(g) 適当な割り算と 2 項展開定理を丁寧に適用する．(h) $1 \cdot 2 \cdots n \cdot (n+1) \cdot (n+1) < n! \cdot (n+1) \cdot (n+2) \cdots (n+m)$．(i) 数学的帰納法で示す．(j) 指数関数による定義式に戻す．(k) $\cosh x - 1 = (1/2)(e^x + e^{-x}) - 1 = (1/2)(e^{x/2} - e^{-x/2})^2 \geq 0$．

1.2 (b) N 個の抵抗の並列回路の等価抵抗値 R_{eq} は，任意の n に対し $R_{\mathrm{eq}}^{-1} = R_1^{-1} + \cdots + R_N^{-1} \geq R_n^{-1}$ をみたす．

1.3 (a) $n = 1$ のとき不等式は明らかに成立．数学的帰納法の証明に次式を使う．

$$\prod_{i=1}^{n+1}(1+a_i) = (1+a_{n+1})\prod_{i=1}^{n}(1+a_i) = \prod_{i=1}^{n}(1+a_i) + a_{n+1}\prod_{i=1}^{n}(1+a_i)$$
$$\geq 1 + \sum_{i=1}^{n}a_i + a_{n+1}\prod_{i=1}^{n}(1+a_i) \geq 1 + \sum_{i=1}^{n}a_i + a_{n+1}.$$

(b) $n = 2$ で検証後，次式を利用する．

$$\prod_{i=1}^{n+1}(1-a_i) = (1-a_{n+1})\prod_{i=1}^{n}(1-a_i) > (1-a_{n+1})\left(1 - \sum_{i=1}^{n}a_i\right)$$
$$= 1 - a_{n+1} - \sum_{i=1}^{n}a_i + a_{n+1}\sum_{i=1}^{n}a_i > 1 - \sum_{i=1}^{n+1}a_i.$$

1.4 (a) 十分大なる n に対し $L - \varepsilon < a_n \leq b_n \leq c_n < L + \varepsilon$ の成立が鍵．(b) $d_n = n^{1/n} - 1$ とおき，$d_n \to 0$ を示す．2 項展開から $n > 1$ に対して $n = (d_n+1)^n > n(n-1)d_n^2/2$ であり，$0 < d_n < [2/(n-1)]^{1/2}$ となる．(c) 答えは 0 である．$n > 2$ に対し $0 < n!/n^n \leq 2/n^2$ を示せ．

1.5 $1 \leq n \leq m$ に対し $\min a_n \leq a_n \leq \max a_n$ を加え，m で割ると A の結果を得る．

1.6 $f_n < 2^n$ を $\mathcal{P}(n)$ とおく．$\mathcal{P}(1)$ と $\mathcal{P}(2)$ の成立が実際にわかる．不等式 $f_n = f_{n-1} + f_{n-2} < 2^{n-1} + 2^{n-2} = 3(2^{n-2}) < 4(2^{n-2}) = 2^n$ から，$1 \leq k < n$ に対する $\mathcal{P}(k)$ の成立の仮定より $\mathcal{P}(n)$ の成立が導かれる．この証明法は数学的帰納法であるが，($k = n-1$ に対して $\mathcal{P}(k)$ の成立を仮定する）標準の形と異なり，「数学的帰納法の強い形」と呼んでよい．

1.7 $a_{n+1} - a_n = \sqrt{n+1} - \sqrt{n}$ とし，有理化により $a_{n+1} - a_n = 1/(\sqrt{n+1} + \sqrt{n})$ である．これから $a_{n+1} - a_n < 1/(2\sqrt{n}) = b_n$ とおき，結果を得る．

1.8 適当に集合 P を選び $\mathbf{C}$ に順序が考えられると仮定する．定義から i は方程式 $z^2 + 1 = 0$ の解である．これより明らかに $i \neq 0$ である．よって，$i \in P$ と $-i \in P$ のいずれか一方のみ成立．$i \in P$ を認めると $i^2 = -1 \in P$ と $i(-1) = -i \in P$ が得られる．これは矛盾である．同様に $-i \in P$ を認めると $i \in P$ が得られる．これも矛盾である．

1.10 (a) S が異なる 2 個の上限値 s_1, s_2 をもつと考えよう．s_1, s_2 双方とも S の上界で s_2 は s の上限ゆえ $s_1 \geq s_2$ である．同様に s_1 は S の上界ゆえ $s_2 \geq s_1$ である．よって $s_1 = s_2$ である．s_1, s_2 が異なるという仮定に矛盾する．(d) S の全上界のつくる集合を U とおき，仮定 $\sup S > \inf U$ と $\sup S < \inf U$ の双方とも矛盾を導くことを示せ．(f) $\sup A > \sup B$, $\sup A - \sup B = \delta > 0$ を仮定する．任意の $\varepsilon > 0$ に対し，$x > \sup A - \varepsilon$ なる $x \in A$ が存在する．よって $\varepsilon = \delta/2$ とし，$x_0 > \sup A - \delta/2$ なる $x_0 \in A$ がある．そこで $x_0 > \delta + \sup B - \delta/2 = \sup B + \delta/2$．$\delta$ が正ゆえ，$x_0 > \sup B$ である．しかし $A \subseteq B$ ゆえ $x \in A \Rightarrow x \in B$ となる．そこで $\sup B$ は B の上界でない．矛盾である．

1.11 (c) $h(x) = f(x) + g(x)$ とし，$\sup_{x \in S} h(x) \leq \sup_{x \in S} f(x) + \sup_{x \in S} g(x)$ を示すためにその逆：$\sup_{x \in S} h(x) - \sup_{x \in S} f(x) - \sup_{x \in S} g(x) = \delta > 0$, を仮定する．任意の $x \in S$ に対して $f(x) + g(x) \leq \sup f(S) + \sup g(x)$．$h(x_0) = f(x_0) + g(x_0) > \sup h(S) - \delta/2$ なる $x_0 \in S$ があり，よって $\sup h(S) - \delta/2 < f(x_0) + g(x_0) \leq \sup f(S) + \sup g(S)$ となり，$\delta < \delta/2$ で矛盾する．$\sup_{x \in S}\{f(x) - g(x)\} \leq \sup_{x \in S} f(x) - \inf_{x \in S} g(x)$ を得るには，この結果と $\sup_{x \in S}\{-f(x)\} = -\inf_{x \in S} f(x)$ を用いる．

1.12 $\{a_n\}$ を上に有界な増加列とする．$S = \sup\{a_n\}$ とおくとき，任意の $\varepsilon > 0$ に対し，$S - \varepsilon < a_k \leq S$ なる k が存在する．そこで $m > k$ に対し $S - \varepsilon < a_k \leq a_m \leq S < S + \varepsilon$．よって任意の $\varepsilon > 0$ に対し，k が存在し，$m > k$ に対し，$S - \varepsilon < a_m < S + \varepsilon \Rightarrow |a_m - S| < \varepsilon$．

1.13 (c) 与えられた $\varepsilon > 0$ に対し，$x > N, L - \varepsilon < f(x) < L + \varepsilon$ なる N がある．よって十分大なる x に対し，$0 \leq f(x) < L + \varepsilon$，すなわち任意の $\varepsilon > 0$ に対し，

$L \geq -\varepsilon$ である. これから $L \geq 0$.

2.1 $p + \alpha > 1$ なる $\alpha < 1$ をとる (例えば $p \geq 1$ のとき $\alpha = 1/2$ とし, $0 < p < 1$ のとき $1 - p < \alpha < 1$ とする). $x > 1$ に対し,

$$\ln x = \int_1^x (1/t)dt \leq \int_1^x (1/t^\alpha)dt = (x^{1-\alpha} - 1)/(1 - \alpha).$$

それゆえ $x \to \infty$ のとき, $0 < \ln x / x^p \leq (x^{1-\alpha-p} - x^{-p})/(1 - \alpha) \to 0$.

2.2 (g) $f(x) = x^{-1} \ln x$ とおき, $f(x)$ が $x = e$ で最大値をとり $x = \pi$ では最大値をとらないことを, 微分することで示せ. これより $f(e) > f(\pi)$ である. (h) $0 < a < 1$ と $0 \leq x \leq 1$ に対し $f(x) = x^a + (1-x)^a$ とし, $f(0) = f(1) = 1$, $f(1/2) = 2^{1-a}$, $x = 1/2$ に対し $f'(x) = 0$ を示す. これから $1 \leq x^a + (1-x)^a \leq 2^{1-a}$ である. ここで $x = s/(s+t)$ を代入せよ. (i) $b > 1$ と $0 \leq x \leq 1$ に対し $f(x) = x^b + (1-x)^b$ とし, $f(0) = f(1) = 1$, $f(1/2) = 2^{1-b}$, $x = 1/2$ に対し $f'(x) = 0$ を示す. これから $2^{1-b} \leq x^b + (1-x)^b \leq 1$. ここで $x = s/(s+t)$ を代入.

2.3 不等式 $\ln x \leq x - 1$(演習 2.2) を通して結果を示す. 実際, この不等式の x に x/a を代入し, $x \geq a(1 + \ln(x/a)) = \ln\{(ea/a)^a\}$ なる変形後の不等式を e の肩の冪の間の不等式とみなして結果が得られる. 等号は $x = a$ のときかつそのときに限り起こる.

2.4 (b) $f(x) = \tan^{-1} x$ とおく. (c) $f(x) = \sqrt{x}$ とおく. (d) $f(x) = e^x$ とおく. (e) 平均値の定理で $f(x) = (1+x)^a$ とする. $x > 0$ のとき $\xi \in (0, x)$ があって $((1+x)^a - 1)/x = a(1+\xi)^{a-1} < a(1+x)^{a-1}$, よって $x > 0$ から $(1+x)^a - 1 < ax(1+x)^{a-1}$ である. $-1 < x < 0$ のとき $x < \xi < 0$ なる ξ があって $((1+x)^a-1)/x = a(1+\xi)^{a-1} > a(1+x)^{a-1}$ が得られる. $x < 0$ ゆえ $(1+x)^a - 1 < ax(1+x)^{a-1}$ となる.

2.5 (a) $f(x) = (1+x)^a - 1$, $g(x) = x$ とし $h(x) = f(x)/g(x)$ とおく. $f'(x)/g'(x) = a(x+1)^{a-1}$ が増加である (導関数が $a(a-1)(x+1)^{a-2} > 0$ であるので). $f(0) = 0 = g(0)$ でロピタルの単調規則を $x > 0$ で適用し $h(x) > h(0) = a$ が得られ, $x < 0$ で適用し $h(x) < h(0) = a$ が得られる. (b) $\ln \cosh x / \ln((\sinh x)/x)$ は $x \to 0$ は $0/0$ 型の不定形ゆえ $x = 0$ でロピタルの単調規則 (LMR) を適用し, $x \tanh^2 x/(x - \tanh x)$ が得られ, 再びで $0/0$ 型の不定形ゆえ, LMR を適用し, $0/0$ 型の不定形 $1 + (4x/\sinh 2x)$ を得る. この第 2 項が不定形なのでこれに LMR を適用し, $2/\cosh 2x$ を得る. これは $(0, \infty)$ で減少は明らかである. (c) $h(x) = \sin \pi x/(x(1-x))$ は直線 $x = 1/2$ に関して対称である. LMR において, $(a, b) = (0, 1/2)$ とおく. LMR を使い, $x \to 0$ のとき, $h(x) \to \pi$ および $h(1/2) = 4$ を示せ. $h(x)$ が単調であることを LMR より示す. 実際, $x = a$ での LMR から $(\pi \cos \pi x)/(1 - 2x)$ が単調関数であり, また $x = b$ での LMR から $(\pi^2 \sin \pi x)/2$ は単調であり, $h(x)$ の単調性が得られる. (d) $(0, \pi/2]$ 上で

$h(x) = \sin x/x$ とすると $h(\pi/2) = 2/\pi$ であり，ロピタルの規則から $h(0) = 1$ とし，$[0, \pi/2]$ 上で拡張できる．考察の区間で $\cos x/1$ は狭義の減少であり，$x = 0$ でのロピタルの単調規則から $1 > h(x) > 2/\pi$ である．

2.6 (c) $e^x \geq 1 + x$ を使い，$1 + a_n \leq \exp a_n$ を得る．この結果

$$\prod_{n=1}^{N}(1 + a_n) \leq \prod_{n=1}^{N}\exp(a_n) = \exp\left(\sum_{n=1}^{N} a_n\right).$$

2.7 系 2.6.1 の適用かあるいは微分を用い，$n(x-1) < x^n - 1 < nx^{n-1}(x-1)$ を示す．次に $x = a/b > 1$ を代入する．次に $a^n = b^n$, $a \neq b$ を仮定する．このとき $b^{n-1} < 0 < a^{n-1}$（これは矛盾である．$b > 0$ が仮定されている）．

2.8 (a) ε, δ と $x_i - x_{i-1} < \delta$ なる分割 $a = x_0 < x_1 < \cdots < x_n = b$ を固定する．もし $f(x)$ が $[a,b]$ 上で有界でなければある部分区間 $[x_{k-1}, x_k]$ 上で有界でない．$j \neq k$ に対し適当に ξ_j を取り，さらに $f(\xi_k)$ が十分大になるように ξ_k を取ることができるが，これは $|\sum_{i=1}^{n} f(\xi_i)(x_i - x_{i-1}) - I| < \varepsilon$ に矛盾する．(b) $f(x)$ が積分可能ゆえ有界であるので $[a,b]$ 上で定数 M が存在して $|f(x)| \leq M$ である．任意に $\varepsilon > 0$ を取る．$x_0 \in (a,b)$ に対し，

$$|F(x) - F(x_0)| = \left|\int_a^x f(t)dt - \int_a^{x_0} f(t)dt\right| = \left|\int_{x_0}^x f(t)dt\right| \leq \left|\int_{x_0}^x |f(t)|dt\right|.$$

よって $|F(x) - F(x_0)| \leq M|x - x_0|$ となり，$\delta = \varepsilon/M$ と選ぶとよい．(c) 否．$f(x)$ は $[0,1]$ 上で有界でない．しかしながら広義の積分 $\lim_{\varepsilon \to +0}\int_\varepsilon^1 x^{-1/2}dx$ が存在する．

2.9 (a) $2^{-\alpha} \leq I(\alpha, \beta) \leq 1$. (b) ジョルダンの不等式を用いよ．(c) $s > b$ に対し

$$\left|\int_0^\infty f(t)e^{-st}dt\right| \leq \int_0^\infty |f(t)||e^{-st}|dt \leq \int_0^\infty Ce^{bt}e^{-st}dt = \frac{C}{s-b}.$$

(d) 積分表などを参照し，

$$1 \leq \frac{(2n-1)!!(2n+1)!!}{[(2n)!!]^2}\frac{\pi}{2} \leq \frac{2n+1}{2n}$$

を求める．$n \to \infty$ とし，中項が挟み撃ちで 1 に収束する．(e)

$$a_i = \int_{i\pi}^{(i+1)\pi} \frac{\sin x}{x}dx$$

を一般項とする交代級数を考える．$|a_{i+1}| < |a_i|$ で $i \to \infty$ のとき $a_i \to 0$ が成立し，級数が収束する．正項級数になるように並べ，

$$\int_0^\infty \frac{\sin x}{x}dx = (a_0 + a_1) + (a_2 + a_3) + \cdots > a_0 + a_1.$$

$[0, \pi/2]$ 上のジョルダンの不等式 $\sin x/x \geq 2/\pi$ を用い

$$\int_0^{\pi/2} (\sin x)/x\, dx \geq 1.$$

$\sin x$ は $x = \pi/2$ に関して対称ゆえ

$$\int_{\pi/2}^{\pi} (\sin x)/x \, dx \geq 1/\pi.$$

さらに

$$a_1 = \int_{\pi}^{2\pi} (\sin x)/x \, dx \geq -2/\pi.$$

そこで

$$\int_0^{\infty} (\sin x)/x \, dx \geq a_0 + a_1 \geq 1 - 1/\pi.$$

さらに交代級数を下記のように計算すれば交代級数は a_0 に負の項を加えているので

$$\int_0^{\infty} (\sin x)/x \, dx = a_0 + (a_1 + a_2) + (a_3 + a_4) + \cdots < a_0.$$

$(\sin x)/x \leq 1 - x^2/3 + x^4/120$ が $x > 0$ に対して示されるので

$$a_0 = \int_0^{\pi} (\sin x)/x \, dx \leq \int_0^{\pi} (1 - x^2/3 + x^4/120) dx \sim 1.418 < 2.$$

2.10 (a) [53] 最初に f は単調減少で $f(b) = 0$ と仮定する. $[a,b]$ 上で g が積分可能ゆえ有界で, $[a,b]$ 上で $g(x) + c \geq 0$ なるように定数 $c > 0$ を取れる. 連続関数 $G(\xi) = \int_a^{\xi} g(x) dx$ を定義する. $[a,b]$ 上で G の最大値と最小値をそれぞれ M と m とおく. $i = 0, \cdots, n$ に対し $x_i = a + i\Delta x$ と $\Delta x = (b-a)/n$ とする. このとき

$$\int_a^b (g(x) + c) f(x) dx = \sum_{k=1}^n \int_{x_{k-1}}^{x_k} (g(x) + c) f(x) dx$$

$$\leq \sum_{k=1}^n f(x_{k-1}) \int_{x_{k-1}}^{x_k} (g(x) + c) dx$$

$$\leq \sum_{k=1}^n f(x_{k-1}) \int_{x_{k-1}}^{x_k} g(x) dx$$

$$+ c \sum_{k=1}^n f(x_{k-1})(x_k - x_{k-1}) dx.$$

$G(x_0) = 0 = f(x_n)$ を用い, 最後の辺の第1項は次式のように書ける.

$$\sum_{k=1}^n f(x_{k-1})(G(x_k) - G(x_{k-1})) = \sum_{k=1}^n G(x_k)(f(x_{k-1}) - f(x_k))$$

$$\leq M \sum_{k=1}^n G(x_k)(f(x_{k-1}) - f(x_k))$$

$$= M f(a).$$

$n \to \infty$ として上の第2項は $c \int_a^b f(x) dx$ に収束する. 極限を取り, 補題 1.1 により

$$\int_a^b (g(x)+c)f(x)dx \leq Mf(a) + c\int_a^b f(x)dx.$$

同様に

$$\int_a^b (g(x)+c)f(x)dx \geq mf(a) + c\int_a^b f(x)dx.$$

そこで G に中間値の定理 (定理 2.2) を適用する. 最後に $f(b) \neq 0$ のとき $x = b$ に対して $f(x)$ を 0 と再定義する. この変更で積分値 $\int_a^b f(x)g(x)dx$ は変化しない. (c) $f(x)$ が単調減少のとき (a) で $f(x) - f(b)$ を $f(x)$ で置き換える. $f(x)$ が単調増加のとき (b) で $f(x) - f(a)$ を $f(x)$ で置き換える. (d) は (a) から直ちに得られる.

2.11 (a) $\ln(n!) = \sum_{k=1}^n \ln(k)$ に注目し, これを幅 1 の矩形の面積の和と考えよう. (b) x 軸, 直線 $x = a, b$ で囲まれる 2 個の台形を考える. その内, 小さい台形はグラフ $y = 1/x$ の中点 $x = (a+b)/2$ で接する接線を第 4 の辺とし, 大きい台形の第 4 辺は点 $(x, y) = (a, 1/a)$ と点 $(x, y) = (b, 1/b)$ を結ぶ割線でできている.

2.12 $C_n - C_{n+1} = \ln(1 + 1/n) - 1/(n+1) > 0$ が示されるので C_n は単調減少である. $\sum_{j=1}^n 1/j - 1/2 > \ln n = \int_1^n x^{-1}dx$ であれば $1/2$ が下界である. これを示すにはグラフ $1/x$ の面積 $\int_1^n x^{-1}dx$ の優評価を台形の和 A で評価すれば

$$A = \frac{1}{2}\sum_{j=1}^{n-1}\left(\frac{1}{j} + \frac{1}{j+1}\right) = \sum_{j=1}^n \frac{1}{j} - \frac{1}{2} - \frac{1}{2n}$$

となり, 次式を得る.

$$\sum_{j=1}^n \frac{1}{j} - \frac{1}{2} > \ln n + \frac{1}{2n} > \ln n.$$

2.13 dm を微小密度とするとき慣性モーメントは次式で与えられる.

$$I = \int r^2 dm \leq r_{\max}^2 \int dm = mr_{\max}^2.$$

2.14 x_i と x_{i+1} の間に $g'(x) = 0$ なる点 x が存在する. 隣り合うこのような点の間に $g''(x) = 0$ をみたす点が存在する. これを続けて $g^{(n)}(\xi) = 0$ をみたす点 ξ が存在する.

2.15 主張を否定して矛盾を導け (補題 2.3 を参照).

2.16 A が B で稠密のとき, 点 $x \in B$ に対して A の点列 x_n があって $x_n \to x$ が成立する. 仮定から任意の n に対して $f(x_n) \leq g(x_n)$ である. 補題 1.1 と連続性から $\lim f(x_n) \leq \lim g(x_n)$ であり, 結果が示された (定理 2.1). 実数集合で有理数集合が稠密であることに注意.

2.17 否. 例えば $f(x)$ は $g(x)$ より大であるが $f(x)$ の傾きは $g(x)$ の傾きより小さい (直線でグラフが表される x 軸の区間上で定義された) 関数 $f(x)$ と $g(x)$ を考えると

良い.

3.1 Eggleston [23] は次のような証明を与えた.

$$I_f = \int_0^w f(x)dx, \quad I_g = \int_0^{f(w)} g(y)dy.$$

一般性を失うことなしに $h \geq f(w)$ を仮定する (仮定が不成立のとき w, f を h, g で置き換える). 先ず $[0, w]$ を分割する: $\Delta x = w/n,\ x_i = i\Delta x,\ i = 0, \cdots, n$. f が増加ゆえ, 図より, $f_i = f(x_i), i = 0, \cdots, n$ として

$$I_f \geq \sum_{i=0}^{n-1} f(x_i)\Delta x = \sum_{i=0}^{n-1} f_i \Delta x.$$

同様に $f_i[0, f(w)]$ の分割の際の (一様でない) 分点を与えていて

$$I_g \geq \sum_{i=0}^{n-1} g(f_i)(f_{i+1} - f_i) = \sum_{i=0}^{n-1} x_i(f_{i+1} - f_i).$$

そこでテレスコーピングにより

$$
\begin{aligned}
I_f + I_g &\geq \sum_{i=0}^{n-1} f_i \Delta x + \sum_{i=0}^{n-1} x_i(f_{i+1} - f_i) \\
&= \sum_{i=0}^{n-1} f_{i+1}\Delta x + \sum_{i=0}^{n-1}(f_i - f_{i+1})\Delta x + \sum_{i=0}^{n-1} x_i(f_{i+1} - f_i) \\
&= \sum_{i=0}^{n-1}[f_{i+1}(x_i + \Delta x) - x_i f_i] + \sum_{i=0}^{n-1}(f_i - f_{i+1})\Delta x \\
&= \sum_{i=0}^{n-1}[x_{i+1}f_{i+1} - x_i f_i] + \Delta x \sum_{i=0}^{n-1}(f_i - f_{i+1}) \\
&= x_n f_n - x_0 f_0 - \Delta x(f_n - f_0) \\
&= (w - \Delta x)f(w).
\end{aligned}
$$

$y \geq f(w)$ のとき $g(y) \geq g(f(w))$ であるので

$$\int_{f(w)}^h g(y)dy \geq \int_{f(w)}^h g(f(w))dy = [h - f(w)]w.$$

これを上の不等式に加えて

$$\int_0^w f(x)dx + \int_0^h g(y)dy \geq wh - \Delta x f(w).$$

これは任意の $\Delta x > 0$ で成立するので求める結果が得られる.

3.2 (a) 算術平均・幾何不等式を用いよう. (c) 結果 (a) に巡回置換を用い, $a^2 + b^2 \geq 2ab,\ b^2 + c^2 \geq 2bc,\ c^2 + a^2 \geq 2ca$ を得てこれを加える.

3.3 公式 $\sum_{k=1}^n k = n(n+1)/2$ はこの問題に有用である. 例えば

$$[(2n)!!]^{1/n} < \frac{(2n)+(2n-2)+\cdots+4+2}{n} = \frac{2\sum_{i=1}^{n} i}{n} = n+1.$$

3.4 底辺長が L, 高さが W と周長 P の矩形に対して, $P/4 = (L+W)/2 \le (LW)^{1/2}$ となる. 等号の成立は $L = W$ のときかつそのときに限る. (b) $q = Q/2$ が解答である.

3.5 $n=1$ のとき成立する. $n \ge 2$, a_n を変数 $x(>0)$ とし

$$f(x) = (\delta_1 a_1 + \cdots + \delta_{n-1}a_{n-1} + \delta_n x)/(a_1^{\delta_1}\cdots a_{n-1}^{\delta_{n-1}} a_{n-1}^{\delta_{n-1}} x^{\delta_n})$$

とおく. $s_{n-1} = a_1 + \cdots + a_{n-1}, p_{n-1} = a_1 \cdots a_{n-1}$ とし,

$$f(x) = (s_{n-1} + \delta_n x)/(p_{n-1} x^{\delta_n})$$

である. $f'(x) = 0$ は $x_m = s_{n-1}/(1-\delta_n)$ で成立し, $f''(x_m) = (\delta_n/p_{n-1})x_m^{-\delta_n-1}(1-\delta_n) > 0$ である. これより $f(x)$ は x_m で最小値をとり

$$f(x_m) = \{[\delta_1/(1-\delta_1)]a_1 + \cdots + [\delta_{n-1}/(1-\delta_{n-1})]a_{n-1}\}^{1-\delta_n}/(a_1^{\delta_1}\cdots a_n^{\delta_n}).$$

重み $\delta_1/(1-\delta_1), \cdots, \delta_{n-1}/(1-\delta_{n-1})$ を加えると 1 である. 数学的帰納法の $n-1$ での仮定から $a_1, \cdots, a_{n-1}$ に異なるものがあれば

$$[\delta_1/(1-\delta_n)]a_1 + \cdots + [\delta_{n-1}/(1-\delta_n)]a_{n-1} > (a_1^{\delta_1/(1-\delta_n)}\cdots a_n^{\delta_{n-1}/(1-\delta_n)}).$$

そこで

$$f(x) \ge f(x_m) > [a_1^{\delta_1/(1-\delta_n)}\cdots a_n^{\delta_{n-1}/(1-\delta_n)}]^{1-\delta_n}/(a_1^{\delta_1}\cdots a_{n-1}^{\delta_{n-1}} = 1).$$

$a_1 = \cdots = a_{n-1}$ のとき $x_m = [\delta_1/(1-\delta_n)]a_1 + \cdots + [\delta_{n-1}/(1-\delta_n)]a_{n-1} = a_1$ と $f(x_m) = 1$ である. 他の x では $f(x) > f(x_m) = 1$.

3.6 算術平均・幾何平均不等式を用いよう.

3.7 $n < n+1$ から $1 - n^{-1} < 1 - (n+1)^{-1}$ が得られる.

3.8 例 3.1 で a_i を a_i^m に置き換えることで AM-GM を 1 回適用し, さらに標準的な算術平均・幾何平均不等式をもう 1 回使う.

$$\sum_{n=1}^{N} a_n^{-m} \ge N\left(\prod_{n=1}^{N} a_n^{-m}\right)^{1/N} = N\left[\frac{1}{\left(\prod_{n=1}^{N} a_n\right)^{1/N}}\right]^m$$

$$\ge N\left[\frac{1}{(1/N)\sum_{n=1}^{N} a_n}\right]^m.$$

3.9 (a) ロピタル規則と $\sum_{i=1}^{n} \delta_i = 1$ を用い

$$\lim_{t\to 0} \ln g(t) = \lim_{t\to 0} \left(\ln\left(\sum \delta_i x_i^t\right)\right)/t$$

$$= \lim_{t\to 0} \left(\sum \delta_i x_i^t \ln x_i\right) / \left(\delta_i x_i^t\right)$$

$$= \sum \delta_i \ln x_i.$$

よって，$g(t) \to \prod_{i=1}^{n} x_i^{\delta_i}$, $t \to 0$. (b) $\ln g(t) = \left(\ln \left(\sum \delta_i x_i^t\right)\right)/t$ を $t = 0$ に対して 0/0 型不定形ロピタル単調規則を適用し，$(\sum \delta_i x_i^t \ln x_i)/(\sum \delta_i x_i^t)$ の単調増加性を判定する．このため分数の微分規則を使えば，微分の結果の分子部分

$$\left(\sum \delta_i x_i^t\right)\left(\sum \delta_i x_i^t \ln^2 x_i\right) - \left(\sum \delta_i x_i^t\right)\left(\sum \delta_i x_i^t \ln x_i\right)^2$$

の符号を知る必要がある．これは正である．それはコーシー・シュワルツの不等式 (3.19) から次のようにわかる．

$$\left(\sum \delta_i x_i^t \ln x_i\right)^2 = \left(\sum \delta_i^{1/2} x_i^{t/2} \delta_i^{1/2} x_i^{t/2} \ln x_i\right)^2 \le \left(\sum \delta_i x_i^t\right)\left(\sum \delta_i x_i^t \ln^2 x_i\right).$$

これらを $(0, \infty)$, $(-\infty, 0)$ 上の g について適用する．

3.10 例 3.1 の調和平均と幾何平均を参考にする．$x_0 = a, x_1 = a + \Delta x, \cdots, x_n = n$, $\Delta x = (b-a)/n$, $a_1 = f(x_1), \cdots, a_n = f(x_n)$ とし，積分を近似するリーマン和を用いる．$n \to \infty$ として

$$(a_1 + \cdots + a_n)/n = (f(x_1) + \cdots ; f(x_n))\Delta x/(b-a) \to (1/(b-a)) \int_a^b f(x)dx,$$

$$((a_1^{-1} + \cdots + a_n^{-1})/n)^{-1} \to (b-a) \Big/ \int_a^b (1/f(x))dx,$$

$$(a_1 \cdots a_n)^{1/n} = \exp[(1/n)(\ln a_1 + \cdots + \ln a_n)]$$

$$= \exp[(1/(b-a))\Delta x(\ln(f(x_1)) + \cdots + \ln(f(x_n)))]$$

$$\to \exp\left[(1/(b-a)) \int_a^b \ln f(x)dx\right].$$

例 3.1 と補題 1.1, $\delta_i = 1/n$ を用いて結果を得る．

3.11 表現を簡単にするため，$y_i = x_i^t$, $s = \sum y_i$ とおく．このとき $(d/dt)\ln h(t) = t^{-2}((t/s)\sum y_i \ln x_i - \ln s) \le 0$. それは $\ln s \ge (t/s)\sum \ln x_i^{y_i}$ ゆえ．これは $\ln s^s \ge \sum t \ln x_i^{y_i} = \ln \prod y_i^{y_i}$ だから．この成立は $s^s = s^{\sum y_i} = \prod s^{y_i} \ge \prod y_i^{y_i}$ ゆえ．

3.12 Ptak [52] が算術平均・幾何平均不等式を用いる次の証明を与えている．a_i に対し $b_i = a_i/\sqrt{a_1 a_m}, i = 1, \cdots, m$ とおくと，$b_1 < b_2 < \cdots < b_m, b_m = a_m/\sqrt{a_1 a_m} = \sqrt{a_1 a_m}/a_1 = 1/b_1, b_i \le 1/b_1$. そこで

$$b_i - b_1 \le \frac{b_i - b_1}{b_i b1} = \frac{1}{b_1} - \frac{1}{b_i},$$

$$b_i + \frac{1}{b_i} \le b_1 + \frac{1}{b_1}, \quad i = 1, 2, \cdots, m.$$

よって

$$\sum_{i=1}^{m} \lambda_i b_i + \sum_{i=1}^{m} \frac{\lambda_i}{b_i} \le \left(b_1 + \frac{1}{b_1}\right) \sum_{i=1}^{m} \lambda_i,$$

$$\frac{1}{2}\left[\sum_{i=1}^{m}\lambda_i b_i + \sum_{i=1}^{m}\frac{\lambda_i}{b_i}\right] \le \frac{b_1+b_m}{2}.$$

算術平均・幾何平均不等式より

$$\left(\sum_{i=1}^{m}\lambda_i b_i\right)\left(\sum_{i=1}^{m}\frac{\lambda_i}{b_i}\right) \le \left(\frac{b_1+b_m}{2}\right)^2.$$

a_i で表現して結果が得られる.

3.13 (3.24) の成立のとき

$$c = \left(\sum_{i=1}^{m}|b_i|^q \bigg/ \sum_{i=1}^{m}|a_i|^p\right)^{1/q}.$$

(3.25) から直ちに (3.24) は成立.

3.14 $\Delta x = (b-a)/m, a = x_0, x_1 = x_0+\Delta x, \cdots, x_m = b,\ a_i = f(x_i), b_i = g(x_i)$ とし, (3.10) と補題 1.1 を使い, $m \to \infty$ として, 下記に注意する

$$\sum_{i=1}^{m}|a_i b_i|\Delta x \to \int_a^b |f(x)g(x)|dx,$$

$$\left(\sum_{i=1}^{m}|a_i|^p\Delta x\right)^{1/p} \to \left(\int_a^b |f(x)|dx\right)^{1/p},$$

$$\left(\sum_{i=1}^{m}|b_i|^q\Delta x\right)^{1/q} \to \left(\int_a^b |g(x)|dx\right)^{1/q}.$$

3.15 下記を用いよ.

$$\int_a^b |f(x)+g(x)|^2 dx \le \int_a^b |f(x)+g(x)|^2 dx + \int_a^b |f(x)-g(x)|^2 dx$$

$$= \int_a^b (f(x)+g(x))^2 dx + \int_a^b (f(x)-g(x))^2 dx$$

$$= 2\int_a^b \left(|f(x)|^2 + |g(x)|^2\right) dx.$$

3.16 $f\sqrt{h}$ と $g\sqrt{h}$ に対してコーシー・シュワルツの不等式を用いよ.

3.17 コーシー・シュワルツの不等式により,

$$\left(\frac{1}{T}\int_0^T v(t)dt\right)^2 \le \frac{1}{T^2}\int_0^T 1^2 dt \int_0^T v^2(t)dt$$

$$= \frac{1}{T}\int_0^T v^2(t)dt = \frac{1}{T}\int_0^T \left(\frac{dx}{dt}\right)^2 dt$$

$$= \frac{1}{T}\int_0^X \frac{dx}{dt}dx = \frac{1}{T}\int_0^X v(t)dx.$$

ここで $X = \int_0^T v(t)dt$ である．等号は粒子が定速で進むとき成立する．

3.18 コーシー・シュワルツの不等式に代入せよ．

3.21 一定の半径 R の円に内接する N 角形を考える．θ_n を多角形の第 n 辺に対応する中心角とし，多角形の面積を A とおくとき，(3.23) から

$$A = \sum_{n=1}^N \frac{R^2}{2}\sin\theta_n = \frac{NR^2}{2}\frac{1}{N}\sum_{n=1}^N \sin\theta_n \le \frac{NR^2}{2}\sin\left(\frac{1}{N}\sum_{n=1}^N \theta_n\right).$$

これより $A \le (NR^2/2)\sin(2\pi/N)$ で，等号は全中心角が等しいときにのみ成立する．

3.23 $f''(x) > 0$ より $f(x)$ は凸である．そこで $-\ln(\delta_1 a_1 + \cdots + \delta_n a_n) \le -\delta_1\ln a_1 - \cdots - \delta_n\ln a_n$ となり，これから導かれる．

3.24 (そろそろ慣れてきていると思えるが)$\Delta t = (b-a)/n$, $t_i = a + i\Delta t$, $c_i = p(t_i)/\sum_{i=1}^n p(t_j)$, $x_i = g(t_i)$ とし，(3.21) と補題 1.1 を用いる．

4.1 (a) 問題は $-d(y,z) \le d(x,y) - d(x,z) \le d(y,z)$ に等しく，最初の不等号は $d(x,z) \le d(x,y) + d(y,z)$，第 2 の不等号は $d(x,y) \le d(x,z) + d(z,y)$ を意味し，これらは三角不等式である．(b) 数学的帰納法を用いて三角不等式を一般化する．

4.2 x と y は異なる $\{x_n\}$ の極限であると仮定する．このとき十分大なる n に対し，三角不等式から $d(x,y) \le d(x,x_n) + d(x_n,y) < \varepsilon/2 + \varepsilon/2 = \varepsilon$ である．ε はいくらでも小さく取れるので $x = y$ であり，矛盾となる．

4.3 (a) ミンコフスキーの不等式を使う．(b) 距離空間に関する最初の 2 条件はすぐにわかる．第 3 の条件は三角不等式とミンコフスキーの不等式により

$$d(\xi,\eta) = \left(\sum_{i=1}^\infty |\xi_i - \zeta_i + \zeta_i - \eta_i|^p\right)^{1/p} \le \left(\sum_{i=1}^\infty (|\xi_i - \zeta_i| + |\zeta_i - \eta_i|)^p\right)^{1/p}$$

$$\le \left(\sum_{i=1}^\infty |\xi_i - \zeta_i|^p\right)^p + \left(\sum_{i=1}^\infty |\zeta_i - \eta_i|^p\right)^{1/p}.$$

4.4 演習 2.15 の結果を使う．

4.7 x は $C\beta$, y は $C\alpha$ なるベクトルとする．中線を示すベクトル αA は $2x - y$ であり，他の中線ベクトル βB は $2y - x$ となる．これらの中線ベクトルのノルムの大小の比較を，同一のベクトルの内積はノルムの平方になることを用いて示せ．

4.8 定理 4.7 の証明において等号の成立は $|\langle x,y\rangle| = \sqrt{\langle x,x\rangle\langle y,y\rangle}$ かつ $\mathcal{R}\langle x,y\rangle = |\langle x,y\rangle|$ のとき，そのときに限る．すなわち，$\langle x,y\rangle$ は非負である．そこで等号の成立は $x = 0$ または $y = 0$, またはある非負なる β があって $x = \beta y$ のとき，かつそのときに限る．

4.9 $z_j = a_j + ib_j \in \mathbf{C}$ を $w_j = \begin{pmatrix} a_j \\ b_j \end{pmatrix} \in \mathbf{R}^2$ とみなして,

$$\left| \sum_{i=1}^{n} z_i \right| = \sqrt{\left(\sum_{i=1}^{n} a_i \right)^2 + \left(\sum_{i=1}^{n} b_i \right)^2}$$

$$= \sqrt{\sum_{i=1}^{n} \|w_i\|^2 + 2 \sum_{1 \le i < j \le n} \langle w_i, w_j \rangle}.$$

ここで $\sum_{i=1}^{n} |z_i| = \sum_{i=1}^{n} \|w_i\|$ である. (1.1) は次の式に同値である.

$$\sum_{i=1}^{n} \|w_i\|^2 + \sum_{1 \le i < j \le n} 2\langle w_i, w_j \rangle \le \left(\sum_{i=1}^{n} \|w_i\| \right)^2 = \sum_{i=1}^{n} \|w_i\|^2 + \sum_{1 \le i < j \le n} 2\|w_i\| \, \|w_j\|.$$

コーシー・シュワルツの不等式から任意の i, j に対し, $\langle w_i, w_j \rangle \le \|w_i\| \|w_j\|$ となり, 上の不等式は成立する. さらに等号は $\langle w_i, w_j \rangle = |\langle w_i, w_j \rangle| = \|w_i\| \|w_j\|$ のときかつ そのときに限り成立する. よって, 任意の $i < j$ に対し $\beta_{ij} > 0$ があり, $w_i = \beta_{ij} w_j$, すなわち, $\arg(z_i) = \arg(z_j)$, のときかつそのときに限り, 等号が成立する.

5.1 (a) $f(x) = e^x, g(x) = 1/(x+1)$ で例 3.2 を使う. このとき, $I \le 32.58$ である (実際の値は 27.9794). (b) 同じ例 3.2 を使い, 次の不等式を得る.

$$\int_0^t \left(\frac{1}{\sqrt{1-x^2}} \right)^2 dx > \frac{1}{t} \left(\int_0^t \frac{dx}{\sqrt{1-x^2}} \right)^2.$$

5.2 $[a, b]$ 上で積分可能な $u(x)$ と $u_n(x)$ に対し,

$$\left| \int_a^b u_n(x)dx - \int_a^b u(x)dx \right| = \left| \int_a^b (u_n(x) - u(x))\, dx \right| \le \int_a^b |u_n(x) - u(x)|dx.$$

そこで $[a, b]$ 上 $u_n(x)$ が $u(x)$ に一様に収束するとき, 任意の $\varepsilon > 0$ に対し N があり, $n > N$ のとき,

$$\left| \int_a^b u_n(x)dx - \int_a^b u(x)dx \right| < (b-a)\varepsilon.$$

5.3 (a) 任意の $\varepsilon > 0$ に対し, N を十分大に取り, $x \in [a, b]$ と $n > N$ のとき, $u(x) - u_n(x)| < (\varepsilon/(b-a))^{1/2}$ とする. このとき,

$$\int_a^b |u(x) - u_n(x)|^2 dx < \int_a^b \varepsilon/(b-a)dx = \varepsilon.$$

(b) ミンコフスキーの不等式から

$$\sqrt{\int_a^b u^2 dx} \le \sqrt{\int_a^b u_n^2 dx} + \sqrt{\int_a^b (u - u_n)^2 dx},$$

$$\sqrt{\int_a^b u_n^2 dx} \le \sqrt{\int_a^b u^2 dx} + \sqrt{\int_a^b (u-u_n)^2 dx}.$$

これらは次の求める不等式に等しい.

$$\left|\sqrt{\int_a^b u^2 dx} - \sqrt{\int_a^b u_n^2 dx}\right| \le \sqrt{\int_a^b (u-u_n)^2 dx}.$$

5.4 次の「擬プログラム」を使い慣れた「言語」に書き直し, この問題を解いてみよう.

```
to1=.5E-3; a=0; b=1; f(x)=e^(x^2); n=2; h=(b-a)/n; ends=f(a)+f(b);
evens=0; odds=f(a+h); aold=(h/3)(ends+4*odds+2*evens);
Doloop
    n=2*n;
    h=h/2;
    evens=evens+odds;
    odds=f(a+h)+f(a+3h)+...+f(a+(n-1)h);
    anew=(h/3)(ends+4*odds+2*evens)
    if |anew-aold|<=to1*|anew| then exit
        else
        aold=anew;
End Doloop
Print anew
```

5.5 A Fortran program:

```
    program taylor
    dimension yb(5)
    x=2
    y=2
    h=.1
    do i=1,10
c the next five lines were created by a
c symbolic manipulator and pasted in
    yp(1)=1-y/x
    yp(2)=(-x+2*y)/x**2
    yp(3)=3*(x-2*y)/x**3
    yp(4)=12*(-x;2*y)/x**4
    yp(5)=60*(x-2*y)/x**5
    phi=yp(5)
    do k=5,2,-1
       Phi=(h/k)*Phi+yp(k-1)
    enddo
    y=y+h*Phi
    x=x+h
    enddo
    write(*,*) 'x,y=',x,y
    end
```

5.6 文献 [27] 等の積分公式で

$$\Gamma\left(\frac{1}{2}\right) = \sqrt{\pi}, \quad \Gamma(n) = (n-1)!, \quad \Gamma\left(n+\frac{1}{2}\right) = \frac{\sqrt{\pi}}{2^n}(2n-1)!!$$

が得られる. まず不等式

$$2 \le \frac{2^n n!}{(2n-1)!!} \le 2^n$$

の成立がわかる. これらを組み合わせて求める不等式は示される.

5.7 $t > 1$ から $e^{-xt}/t > e^{-xt}/t^{n+1}$ となることを使う.

5.8 部分積分で得られる.

5.9 次の (コーシー・シュワルツ) 不等式を使う.

$$\left(\int_{-\infty}^{\infty} f(u)f(t+u)du\right)^2 \le \int_{-\infty}^{\infty} f^2(u)du \int_{-\infty}^{\infty} f^2(t+u)du$$
$$= \left(\int_{-\infty}^{\infty} f^2(u)du\right)^2 = ((f*f)(0))^2.$$

5.10 次の等式 ([59] 参照)

$$|J_n(x)| = \left|\sum_{m=0}^{\infty} \frac{(-1)^m (x/2)^{2m+n}}{m!(m+n)!}\right|$$

から

$$|J_n(x)| \le \left|\frac{x^n}{2}\right| \sum_{m=0}^{\infty} \frac{(x^2/4)^m}{m!(m+n)!} = \frac{1}{n!}\left|\frac{x}{2}\right|^n \sum_{m=0}^{\infty} \frac{(x^2/4)^m}{m!(n+1)(n+2)\cdots(n+m)}$$

$$\le \frac{1}{n!}\left|\frac{x}{2}\right|^n \sum_{m=0}^{\infty} \frac{(x^2/4)^m}{m!(n+1)^m} = \frac{1}{n!}\left|\frac{x}{2}\right|^n \exp\left[\frac{(x^2/4)}{n+1}\right]$$

$$\le \frac{1}{n!}\left|\frac{x}{2}\right|^n \exp\left[\frac{x^2}{4}\right].$$

5.11 (a) 次の (b) の変数変換を用いればよい. (b) $y = x + d$ とおいて

$$\int_{\sqrt{y}}^{\infty} e^{-t^2}dt = \int_{\sqrt{x+d}}^{\infty} e^{-t^2}dt = \int_{x}^{\infty} \frac{e^{-(u+d)}}{2\sqrt{u+d}}du$$

$$\le e^{-d}\int_{x}^{\infty} \frac{e^{-u}}{2\sqrt{u}}du = e^{-d}\int_{\sqrt{x}}^{\infty} e^{-t^2}dt.$$

5.12 (c) $n \ge 1$ に対し,

$$a_{n+1} - b_{n+1} = \frac{1}{2}(\sqrt{a_n} - \sqrt{b_n})(\sqrt{a_n} + \sqrt{b_n})\frac{\sqrt{a_n} - \sqrt{b_n}}{\sqrt{a_n} + \sqrt{b_n}}$$

$$\leq \frac{1}{2}(a_n - b_n)$$

から $0 \leq a_{n+1} - b_{n+1} \leq (1/2^n)(a_1 - b_1)$ である. (d) $T(a,b)$ の定義式の被積分関数を次式を参考にし, 書きなおす.

$$a^2\cos^2 x + b^2\sin^2 x = \sin^2 x \cos^2 x(a^2\mathrm{cosec}^2 x + b^2\sec^2 x)$$
$$= \sin^2 x\cos^2 x(a^2 + b^2 + a^2\cot^2 x + b^2\tan^2 x)$$
$$= \sin^2 x\cos^2 x\left((a+b)^2 + (a\cot x - b\tan x)^2\right)$$
$$= 4\sin^2 x\cos^2 x\left(a_1^2 + b_1^2\left(\frac{a\cot x - b\tan x}{2b_1}\right)^2\right).$$

x から y への変数変換を $\tan y = (a\cot x - b\tan x)/(2b_1)$ で与えるとき, $0 < x < \pi/2$ に対し $\pi/2 > y > -\pi/3$ である. また, $dx/(\sin x\cos x) = -dy/\cos y$ である. これより,

$$T(a,b) = \frac{1}{2}\int_{-\pi/2}^{\pi/2}\frac{\sec y}{\sqrt{a_1^2 + b_1^2\tan^2 y}}dy = \int_0^{\pi/2}\frac{dy}{\sqrt{a_1^2\cos^2 y + b_1^2\sin^2 y}}$$

である. $dx/(\sin x\cos x) = -dy/\cos y$ は次のように得られる. 先の変数変換から

$$1/\cos y = \sqrt{(2b_1)^2 + (a\cot x - b\tan x)^2}/(2b_1).$$

$2b_1 = ab$ と式変形から $2b_1/\cos y = a\cot x + b\tan x$. また, $2b_1\tan y = (a\cot x - b\tan x)$. 両辺を引き算し, $b\tan x = b_1(\sec y - \tan y)$. 微分より, $(b/\cos^2 x)dx = b_1(\sin y - 1)dy/\cos^2 y$. $1/\tan x = b\cos y/(b_1(1-\sin y))$ から目的の $dx/(\sin x\cos x) = -dy/\cos y$ が得られる. (e) 下記に注目し, 挟み撃ちの原理を用いよ.

$$b_n = \sqrt{b_n^2(\cos^2 x + \sin^2 x)} \leq \sqrt{a_n\cos^2 x + b_n^2\sin^2 x}$$
$$\leq \sqrt{a_n^2(\cos^2 x + \sin^2 x)}.$$

(f) $T(a,b) = T(a_1,b_1)$, 帰納法から任意の n に対し, $T(a,b) = T(a_n,b_n)$. $(a_n^2\cos^2 x + b_n^2\sin^2 x)^{1/2}$ は一様に収束するので積分下で極限移行が可能であるので,

$$T(a,b) = T(a_n,b_n) = \int_0^{\pi/2}\left(\sqrt{a_n^2\cos^2 x + b_n^2\sin^2 2x}\right)^{-1}dx$$
$$\to \int_0^{\pi/2} AG(a,b)^{-1}dx = \pi/(2AG(a,b)).$$

5.13 $\oint_S \Phi(\partial\Phi/\partial n)dS = \int_V |\nabla\Phi|^2 dV$ より得られる.

5.14 一方の電荷と表面電位を Q_1, Φ_1 とし, もう一つの電荷と電位を Q_2, Φ_2 とおく. このとき静電容量は $C_i = Q_i/\Phi_i, i = 1, 2$. 結合の後の新電荷を Q_1', Q_2' とし, 共通の電位を Φ とおくと, $\Phi = Q_1'/C_1 = Q_2'/C_2, Q_1' + Q_2' = Q = Q_1 + Q_2$. これらから $\Phi = Q/C$,

全静電容量は $C = C_1 + C_2$. 電荷が Q, 静電容量が C のエネルギーは $W = Q^2/(2C)$. Q_1, Q_2 は正であれば, 算術平均・幾何平均不等式から $2Q_1Q_2C_1C_2 \leq Q_2^2C_1^2 + Q_1^2C_2^2$. これを変形し, $(Q_1+Q_2)^2/(C_1+C_2) \leq Q_1^2/C_1 + Q_2^2/C_2$ を得る ($Q_2 = 0$ のとき, これから自明な $Q_1^2/(C_1+C_2) \leq Q_1^2/C_1$ となる).

5.16 コーシー・シュワルツの不等式での等号条件に注意する.

$$\frac{df}{dt} = K_1 t f(t) \Rightarrow \frac{1}{f}\frac{df}{dt} = \frac{d}{dt}\ln f(t) = K_1 t \Rightarrow \ln f(t) = \frac{K_1 t^2}{2}.$$

5.17 1 回部分積分の後

$$Q(x) = \frac{e^{-x^2/2}}{\sqrt{2\pi}x} - \frac{1}{\sqrt{2\pi}}\int_x^\infty \frac{e^{-t^2/2}}{t^2}dt$$

が得られる. しかし,

$$\frac{1}{\sqrt{2\pi}}\int_x^\infty \frac{e^{-t^2/2}}{t^2}dt < \frac{1}{x^2}\frac{1}{\sqrt{2\pi}}\int_x^\infty e^{-t^2/2}dt = \frac{1}{x^2}Q(x)$$

である. よって,

$$Q(x) > \frac{1}{\sqrt{2\pi}x}e^{-x^2/2} - \frac{1}{x^2}Q(x)$$

となる. これから $Q(x)$ を解け.

5.18 $\omega = y - 1$ とおいて, $\omega' = 2\omega + 2, \omega(0) = 0$. この微分方程式に対して,

$$\phi_0(x) = 0,$$

$$\phi_1(x) = \int_0^x f(t, \phi_0(t))dt = \int_0^x (2\varphi_0(t) + 2)dt = 2x,$$

$$\vdots$$

$$\phi_n(x) = \frac{(2x)^n}{n!} + \cdots + \frac{(2x)^2}{2} + 2x.$$

$\phi_n(x)$ を $e^x - 1$ の n 次のテイラー多項式とみなすとき, $\phi_n(x) \to e^{2x} - 1$ である. これより $y = e^{2x}$ が微分方程式の解である.

5.19 一般に $x \in \bar{U}_1$ に対して $\|G'(x)\| \leq \alpha < 1$ なるように ξ の近傍 $\bar{U}_1$ をとると G は縮小写像となる. $n = 1$ のとき, $G(x) = x - F(x)/F'(x)$ に対し, $G'(x) = F(x)F''(x)/(F'(x))^2$. そこで x を ξ の十分近くにとり, $|F(x)F''(x)/(F'(x))^2| \leq \alpha < 1$ とすれば収束は保障される.

参考文献

[1] Abramowitz, M. and I. Stegun. *Handbook of Mathematical Functions*, New York: Dover, 1965.

[2] Alexander. N. *Exploring Biomechanics: Animals in Motion*, New York: Scientific American Library, 1992.

[3] Anderson, G., M. Vamanamurthy, and M. Vuorinen. *Conformal Invariants, Inequalities, and Quasiconformal Maps*, New York: Wiley, 1997.

[4] Andrews, L. *Special Functions of Mathematics for Engineers*, New York: McGraw-Hill, 1992.

[5] Arbel, B. "From 'tricks' to strategies for problem solving," International Journal of Mathematical Education in Science and Technology, vol. 21, no. 3, 1990.

[6] Ballard, W. *Geometry*, Philadelphia: W. B. Saundeers, 1970.

[7] Bazaraa, M. and C. Shetty. *Nonlinear Programming*, New York: Wiley, 1979.

[8] Beckenbach, E. and R. Bellman. *An Introduction to Inequalities*, New York: Random House, 1961.

[9] Blahut, R. *Principles and Practice of Information Theory*, Reading, MA: Addison-Wesley, 1987.

[10] Börjesson,P. and C. Sundberg. "Simple approximations of the error function $Q(x)$ for communications applications," *IEEE Transactions on Communications*, vol. COM-27, no. 3, 1979.

[11] Brogan, W. *Modern Control Theory*, New York: Quantum, 1974.

[12] Bromwich, T. *Introduction to the Theory of Infinite Series*, London: Macmillan, 1965.

[13] Chong, K. " A study of some inequalities involving the modulus signs," *International Journal of Mathematical Education in Science and Technology*, vol. 12, no. 4, 1981.

[14] Chow, S. and J. Hale. *Methods of Bifurcation Theory*, New York: Springer-Verlag, 1982.

[15] Couch, L. *Digital and Analog Communication Systems*, New York: Macmillan, 1990.

[16] de Alwis, T. "Progectile motion with arbitrary registance," *College Mathematics Journal*, vol. 26, no. 5, 1995.

[17]   Dennis, J. and R. Schnabel. *Numerical Methods for Unconstrained Opti-mization and Nonlinear Equations*, Englewood Cliffs, NJ: Prentice Hall, 1983.

[18]   Dieudonne, J. *Foundations of Modern Analysis*, New York: Academic Press, 1960.

[19]   Duffin, R. "Cost minimization problems treated by geometric means", *Op-erational Research*, vol. 10, no. 5, pp. 668-675, 1962.

[20]   Duffin, R. "Dual programs and minimum cost," *Journal of the Society for Industry and Applied Mathematics*, vol. 10, pp. 119-123, 1962.

[21]   Duren, P. *Theory of H^p Spaces*, New York: Academic Press, 1970.

[22]   Edwards, C. *Advanced Calculus of Several Variables*, New York: Academic Press, 1973.

[23]   Eggleston, H. *Elementary Real Analysis*, Cambridge University Press, UK, 1962.

[24]   Everitt, W. *Inequalities: Fifty years on from Hardy, Littlewood, and Polya: Proceedings of the International Conference*, New York: Dekker, 1991.

[25]   Gelfand, I. *Lectures on Linear Algebra*, New York: Dover, 1989.

[26]   Glaister, P. "Does what goes up take the same time to come down?," *College Mathematics Jounarnl*, vol. 24, no. 2, 1993.

[27]   Gradshteyn, I. and I. Ryzhik. *Table of Integrals, Series, and Products*, Boston: Academic Press, 1994.

[28]   Hardy, G., J. Littlewood and G. Polya. *Inequalities*, Cambridge University Press, UK. 1952.

[29]   Hobson, E. *The Theory of Functions of a Real Variable and the Theory of Fourier's Series*, vol. I. New York: Dover, 1957.

[30]   Indritz, J. *Methods in Analysis*, New York: Macmillan, 1963.

[31]   Jerri, A. *Introduction to Integral Equations with Applications*, New York: Dekker, 1985.

[32]   Jordan, D. and P. Smith. *Nonlinear Ordinary Differential Equations*, Clarendon Press, Oxford, UK, 1987.

[33]   Kazarinoff, N. *Geometric Inequalities*, New York: Random House, 1961.

[34]   Klamkin, M. (ed.) *Problems in Applied Mathematics, Slections from SIAM Reviews*, Philadelphia: SIAM, 1990.

[35]   Knowles, J. "Energy decay estimates for damped oscillators," *International Journal of Mathematical Education in Science and Technology*, vol. 28, no. 1, 1997.

[36]   Lafrance, P. *Fundamental Concepts in Communications*, Englewood Cliffs, NJ: Prentice Hall, 1990.

[37]   Landau, E. *Differential and Integral Calculus*, (3rd ed.). New York: Chelsea, 1980.

[38]   Lew, J., J. Frauendthal, and N. Keyfitz. "On the average distances in a circular disc," in *Mathematical Modeling: Classroom Notes in Applied Mathematics*, Philadelphia: SIAM, 1987.

[39] Libeskind, S. "Summation of finite series— A unified approach," *Two Year College Mathematics Journal*, vol. 12, no. 1, 1981.

[40] Lükepohl, H. *Handbook of Matrices*, Chichester: Wiley, 1996.

[41] Manley, R. *Waveform Analysis*, New York: Wiley, 1945.

[42] Marcus, M. and H. Minc, *A Survey of Matrix Theory and Matrix Inequalities*, New York: Dover, 1992.

[43] Marshall, A., and I. Olkin. *Inequalities: Theory of Majorization and its Applications*, New York: Academic Press, 1979.

[44] Meschkowski, H. *Series Expansions for Mathematical Physicists*, New York: InterScience, 1968.

[45] Mitrinovic, D. *Analytic Inequalities*, Berlin: Springer-Verlag, 1970.

[46] Mitrinovic, D. and S. Dragoslav. *Recent Advances in Geometric Inequalities*, Boston: Klewer Academic, 1989.

[47] Oden, J. *Applied Functional Analysis: A Fisrt Cource for Students of Mechanics and Engineering Science*, Englewood Cliffs, NJ: Prentice Hall, 1979.

[48] Papoulis, A. *The Fourier Integral and its Applications*, New York: McGraw-Hill, 1962.

[49] Patel, V. *Numerical Analysis*, New York: Saunders, College, 1994.

[50] Polya, G. and G. Szegö. *Isoperimetric Inequalities in Mathematical Physics*, Annals of Mathematics Studies No. 27. Princeton, NJ: Princeton University Press, 1951.

[51] Protter, M. *Maximum Principles in Differential Equations*, New York: Springer-Verlag, 1984.

[52] Ptak, V. "The Kantrovich Inequalities," *American Mathematical Monthly*, vol. 102, no. 9, 1995.

[53] Rogosinski, W. *Volume and Integral*, New York: Interscience, 1952.

[54] Shannon, C. *The Mathematical Theory of Communication*, Urbana: University of Illinois Press, 1964.

[55] Stoer, J. and R. Bulirsch. *Introduction to Numerical Analysis*, New York: Springer-Verlag, 1980.

[56] Stratton, J. *Electromagnetic Theory*, New York: McGraw-Hill, 1941.

[57] Stromberg, K. *An Introduction to the Classical Real Analysis*, Belmont, CA: Wadswirtg Internatinal, 1981.

[58] Temme, N. *Special Functions: An Introduction to the Classical Functions of Mathematical Physics*, New York: Wiley, 1996.

[59] Watson, G. *A Treatise on the Theory of Bessel Functions*, Cambridge University Press, UK, 1944.

[60] Weinberger, H. *A First Course in Partial Differential Equations with Complex Variables and Transform Methods*, New York: Wiley, 1965.

訳者あとがき

数学の書は他の分野に比べてその数は少ないが中でも不等式に限定した書は特に少ない．さらに工学に従事している研究者や技術者を念頭においた書はその中でも良い意味で異色である．

この書は

- 不等式にどんなものがあるか，および
- その不等式はなぜ成立するか，
- その不等式は工学等を含む分野でどんな使われ方をするか，

について述べた書である．本書の不等式の種類については，専門分野が応用数学に所属し，普段から不等式を必要とする訳者からみて標準的かつ有益な不等式が選ばれている．その意味でこの書は他の多くの類書とは変わらない．特徴は上記の2番目と3番目の結合の仕方にある．

序文にある如く応用科学や工学の分野で特に断らずに不等式を使う．それにも拘らずその分野においても数学の世界でも「不等式」は重要である．それが絶対冊数が少ないが絶えず不等式の書が出版される理由である．

応用科学や工学に従事する読者を念頭に不等式の書をどのように記述するか，あるいは記述すべきか，の一つの解答がこの書である．

現代は応用科学や工学の分野は進歩の速度が加速され非常に競争が激しい．応用科学，工学に従事するそれぞれの方々は益々その力を鍛えねばいけない．そのためには確かな数学的基礎をもとに自分の判断で物事を読み解く必要がある．断りもなく使用する不等式に対してもである．その不等式で重要な結論が得られるかもしれないのである．あるいはそれが間違っている場合には主張が台無しになる．その結果を他人の責任にはできない．

ここでは全く手加減しないで微分積分学の基礎から関数解析学の分野に至る

までの不等式について，他の書の助け無しで読めるように工夫されている．しかも読了した時点で数学の世界を現代解析学の視点から見ることができる．そのために索引も工夫されており，既知または未知の学術用語を索引で引き，その意味を本文で確認し，その周辺を読み理解を深めるといった学習が可能である．

　本書は以上のような特徴を有するので，各章末の演習に拘らずに本文に集中して納得するまで読むのが一つの勧められる姿勢である．気が向いたときに演習をやるのも良い．せっかちな勉強はこの書には似合わない．参考文献は当然のことに外国書であるが，日本は残念ながら洋書の輸入超過国で，洋書だからといって入手が特に困難という訳ではない．これらの文献の中に貴重なヒントがあるかもしれず，競争の時代には参考文献は重要である．しかしこの書だけでゆったり勉強する姿勢がこの書には向いている．

　なお，本書の翻訳企画は電気通信大学名誉教授 故 高野一夫先生の推奨によるものです．ここに先生のご冥福をお祈りいたします．また，激励をいただいた星野定雄氏（元森北出版）と校正に際してお世話になった森北出版 森崎満氏に感謝いたします．

2003 年 11 月

海津　聡

索　　引

訳 者 略 歴

海津　聰 (かいづ・さとし)

1968 年　東京理科大学大学院理学研究科数学専攻修了
1968 年　電気通信大学情報数理工学科助手
1990 年　電気通信大学情報工学科講師
1991 年　電気通信大学情報工学科助教授
1997 年　茨城大学教育学部数学教育講座教授
　　　　　現在に至る．理学博士（東京大学）

　専　　門　数値解析学，応用解析学

不等式の工学への応用　　　　　　　　　　　　ⓒ 版権取得　*1999*

2004 年 2 月 9 日　第 1 版第 1 刷発行　　　【本書の無断転載を禁ず】

訳　　　者　海津　聰
発 行 者　森北　肇
発 行 所　**森北出版株式会社**
　　　　　東京都千代田区富士見 1–4–11(〒 102–0071)
　　　　　電話 03–3265–8341 ／ FAX 03–3264–8709
　　　　　自然科学書協会・工学書協会　会員
　　　　　http://www.morikita.co.jp/
　　　　　JCLS ＜ (株) 日本著作出版権管理システム委託出版物＞

落丁・乱丁本はお取替えいたします　　　　印刷/モリモト印刷・製本/協栄製本

Printed in Japan /ISBN4–627–07581–2

不等式の工学への応用 ［POD 版］　　版権取得　*1999*

2021 年 11 月 15 日　　発行　　　　【本書の無断転載を禁ず】

訳　　者　海津　聰
発 行 者　森北博巳
発 行 所　森北出版株式会社
　　　　　東京都千代田区富士見 1-4-11（〒102-0071）
　　　　　電話 03-3265-8341／FAX 03-3264-8709
　　　　　https://www.morikita.co.jp/

印刷・製本　大日本印刷株式会社

ISBN978-4-627-07589-4／Printed in Japan

JCOPY ＜(一社)出版者著作権管理機構　委託出版物＞